清单式管理

——猪场现代化管理的有效工具

（第二版）

谈松林　邓莉萍◎主编

中国农业出版社

北　京

图书在版编目（CIP）数据

清单式管理：猪场现代化管理的有效工具/谈松林，
邓莉萍主编．—2版．—北京：中国农业出版社，
2023.12
　ISBN978-7-109-31596-9

　Ⅰ.①清⋯　Ⅱ.①谈⋯②邓⋯　Ⅲ.①养猪场-经营
管理　Ⅳ.①S828

中国国家版本馆CIP数据核字（2023）第234601号

中国农业出版社出版
地址：北京市朝阳区麦子店街18号楼
邮编：100125
责任编辑：周晓艳
版式设计：王　晨　责任校对：吴丽婷　责任印制：王　宏
印刷：三河市国英印务有限公司
版次：2023年12月第2版
印次：2023年12月第2版河北第1次印刷
发行：新华书店北京发行所
开本：720mm×960mm　1/16
印张：18.75
字数：360千字
定价：180.00元

编 写 人 员

主　　编：谈松林　邓莉萍
副主编：魏金龙　胡承镇
　　　　黄卫兵
编　　者：曾宪斌　张　伟
　　　　刘英俊　高雨飞
　　　　郑　飞

序

"猪粮丰，天下安"。猪肉占中国百姓日常肉类消费的60%,发展生猪生产，对于满足百姓美好生活、推进乡村振兴、增加农民收入、稳定市场供应具有重要意义。

我国是养猪大国、猪肉消费大国，但并不是猪业发展强国，与世界先进生猪产业水平仍有较大差距，如生猪繁殖效率、饲料转化率只有国际先进水平的80%左右，制约着我国养猪业高质量发展。生猪养殖是个系统而庞大的精细工程，不仅需要先进的智能化养殖设备、专业的技术知识、科学的饲养管理方法、强大的大数据分析能力，而且还需要高素质的人才队伍。近年来，我国生猪产业发展面临除资源约束趋紧、环保压力加大、疫病风险增加、生产方式落后等老问题、旧矛盾外，还出现了猪肉消费大幅增长难、行业集中度越来越高、养殖户生产方式相对落后等新情况。

因地制宜、种养结合、适度规模的现代家庭农场，是生猪养殖中的重要组成部分，也是乡村产业振兴的重要抓手，在生猪稳产保供方面发挥重要作用。本书作者谈松林、邓莉萍等提倡的清单式管理思维，有益于推动家庭农场从业者管理思维的转变提升，使得猪场目标清晰、管理精准、经营有序，实现可持续发展。

为了系统梳理养猪标准化、规范化的操作要点，全面提升猪场管理水平，编者结合非洲猪瘟新常态与猪业发展新形势，组织生产一线经验丰富的专家，在2016年出版的《清单式管理——现代化猪场管理的有效工具》的基础上，进一步丰富了"清单式管理"这一先进管理理念在生猪养殖中的内涵和指导价值。

新版图书以猪场盈利、永续经营为整体目标，通过大量生动图片、生产数据、典型案例等，直观、立体地呈现了生猪养殖中各阶段目标、流程环节、操作要求、行为标准，为猪场组织管理、生产行动提供了思维导向；对于中大型规模化猪场，本书通过基础层、实施层、操作层三个层级的清单式思维，从猪场饲养管理关键控制点（种、料、舍、防、管）五大方面梳理了管理清单，精准、高效地厘清了生产经营过程中的主线及关键点，更清晰地阐述了清单式管理在生猪养殖中发挥的有效作用。另外，本书还对生物安全防控、猪场团队管理等实际痛点进行了重点解析，具有较强的指导意义。

　　本书凝聚了编写团队集体智慧，应用清单式管理思维，使得猪场目标清晰、管理精准、经营有序，为最终实现猪场经营管理过程的标准化、数据化、效能化及可持续发展提供了经验指导。

　　本书的编写及出版有益于推动广大养猪人员管理思维的转变，可供广大从业者阅读参考、实践参照。

江西农业大学教授、博士研究生导师

中国科学院院士、俄罗斯科学院外籍院士

中国畜牧兽医学会理事长、国家畜禽遗传资源委员会主任

2023年12月

1.2　清单式管理在政府、企业中的成功应用

在《清单革命》一书中列举了清单式管理在建筑业、医疗业、航空业、文艺演出业、投资业、餐饮业等行业成功应用的案例。

清单式管理作为一种高效务实的科学管理方式，它不仅有效地提高了管理的精细化水平，为产品和服务质量升级奠定了坚实基础，而且还能提高相关行业的反应速度和工作效率。

中国运载火箭技术研究院就特别注重运用清单式管理，几乎每道工序都有一张清单，清单上清楚

列出该工序的所有操作要求、零部件名称及其型号，甚至连螺钉的力矩都有明确要求。

1.3　现代化猪场推动清单式管理的必要性

今天是一个变革的时代，我们都身处在这个大变革的浪潮当中，作为我国畜牧业生产中非常重要的养猪业更是处在一个变革、转型升级的时代。我国的生猪生产正面临着自身生产力水平低下、环保问题日益突出、国外猪肉大量进口等方面的压力与竞争，这些也逼迫着我国养猪行业必须转型升级，我国生猪产业的发展也已经不再是盲目追求规模，而是要综合考虑平衡发展模式，追求质量、生产效率。

鸡蛋，从外打破是食物，从内打破是生命。猪场亦是，如果等待各种压力从外打破，那么注定成为别人的食物；如果能从内打破，那么猪场也将获得重生。

猪场应该如何从内突破，获得新生呢？

传统养猪从业者的习惯是粗放、随意、差不多，猪场也一直给人以脏、乱、差的印象，而养猪现代化管理的要求是：高效、优质、安全、环保。

传统**猪场** 如何转变？ ➡ 现代**猪厂**

脏、乱、差　　　　　高、大、上
副业　　　　　　　专业
粗放　　　　　　　精细
随意　　　　　　　标准
无序　　　　　　　有序

习惯是知识、技巧、意愿相互交织的结果

从内突破自己，首先就要改变一些根深蒂固的习惯，但是这个的确很困难……

猪场管理者要做的就是改变思维方式和行为习惯，创造出一片新的天地。那么用什么方法来改变猪场传统的习惯和思维模式呢？方法就是使用猪场的清单式管理！

当前我国猪场的管理水平与发达国家相比，最大的差距就在于我们粗放、笼统、模糊化程度太高，缺乏精准化思维，跟着直觉走、凭经验办事，流程和要领不明晰，操作环节标准化和精细化程度不高，在管理方法上热衷于所谓的谋略和艺术。因此，建立一个高效与可持续发展的现代猪厂更需要一场清单式管理革命，导入工业化思维模式，让过程标准化并可以复制。清单式管理是一门科学主要在于它可以被复制，而经验是没有办法被复制的。

清单式管理能够给猪场带来的好处如下：

(1) 将养猪知识系统化，并转化为可操作化的规程。

(2) 建立猪场管理系统，规范员工的做事方法。

（3）目标、标准一致，信息传递清晰、高效（精炼、精准、数据化，标准一致、理解一致，不仅仅是"严格执行""认真贯彻"）。

（4）对生产过程中的要点进行提醒，减少失误，提高合格率（无论我们进行多么细致的专业分工和培训，一些关键步骤还是会被忽略，一些错误还是无法被避免）。

（5）让每个员工负起责任（清单式管理将决策权分散到外围，而不是聚集在中心，让每个人负起责任是清单奏效的关键所在）。

（6）不让生产管理工作中相同的错误重复发生。

（7）猪场管理工作可以追踪检查。

清单所带来的力量，有助于我们快速地将旧习惯打破。
习惯是如此顽固，能有效将其打破的也唯有清单。

福建某商品猪场（经产母猪存栏约2 000头）在引入了清单式管理的方法后，经过一年的时间，猪场生产成绩有了很大的提高，每头母猪年出栏商品猪的数量从2018年的16.1头提高到了2020年的22头，猪场效益得到了大幅提升。可见清单式管理也可以成为提升现代化猪场养殖效益的有效工具。

在农牧行业转型升级的时代，我们需要鼓起勇气，拥抱变革。导入清单式管理、标准化的操作和系统化的思维，能让猪场从无序化的经营管理转变为有序化，改变猪场的管理模式，提高猪场的生产水平，实现猪场由"场"向"厂"的方向转变，使之肩负起实现农业现代化的使命。

1.4 猪场管理清单的组织与层级

猪场管理清单是有层级之分的，一般分成三个层级：

一级清单是基本面，解决要做什么的问题，给出大的标准、大的方向，统一思想、统一认识。

二级清单是实施层，解决先做什么、后做什么的流程问题。

三级清单是操作层，解决怎么做、做到什么程度的细节问题，明示具体操作手法。

本书第4章"猪场一级管理清单的主要内容"就是第一级管理清单。通过使用第一级管理清单，来实现标准和数据理念、心态和管理意识的转变等基本概念的建立。

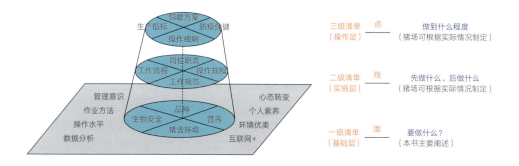

1.5 猪场管理清单的建立原则

1.5.1 设定清晰的检查点（要点）

清单最大的魅力就是在众多的影响因素中，一眼抓住要害。譬如，在清单中通过"对失去生产价值的母猪坚决淘汰"来说明猪场母猪淘汰工作的重要性。

1.5.2 选择合适的清单类型（匹配）

有的清单是表格化，需要实施人确认；有的清单是流程化，一目了然；有的清单是图形化，明确达到目标任务的程度。本书中介绍的猪场管理清单主要以表格和流程的形式为主，如以表格的形式表达"公猪采精操作流程"等，而以图形化的形式表达对"公猪使用频率"的要求。

1.5.3　简明扼要，不宜太长（简明）

清单，简而言之就是一张单据，简明是它的一个特点。

1.5.4　清单中所列的任务清晰，用语精炼、准确（精准）

清单使用的高效在于作业者一下子就能够抓住事情的本质，犹如在浮沉的股市中一下子就看懂了K线。

1.5.5　清单版式整洁（有序）

清单的其中一个优点在于条理清晰，工作任务各个击破，犹如一根主线将所有步骤串联了起来。譬如，本书中所列猪场清单就以猪群分类，对猪群管理的各个关键点进行了清晰的解析。

1.5.6　必须在现实中接受检验（实用）

无论在编制清单的过程中多么用心、多么仔细，清单必须接受实际工作的检验，要经过编制→检验→更新→再检验的过程。

本书中所列猪场清单的宗旨就是系统思维，大道至简，包含系统、简洁、数据、规范、标准、文化等。

清单式
管理

目 标 的 设 定

2

猪场清单式管理目标的
设定

2.1 猪场管理目标

什么是管理？现代管理学之父泰勒提出"管理就是确切地知道要别人去做什么，并使他用最好的方法去干"。

对于一个猪场来说，管理的首要任务就是要明确猪场的管理目标，并且使这个目标成为大家的共识。

那么，猪场的管理目标是什么？猪场盈利、永续经营、为社会提供安全的猪肉产品，应该是现代猪厂共同追求的目标了。

可是，

想盈利就是猪场的管理目标吗？能盈利就是猪场的管理目标吗？

显然还不是，猪场的使命和任务必须转化成看得见、摸得着，并且是跳一跳才能够得着的量化数字目标。

2.2 猪场管理清单的目标设定：提高PMSY，降低FCR

猪场清单式管理就是紧紧围绕猪场盈利、永续经营这一目标，具体量化成猪场的引领性目标，即提高每头母猪每年提供的出栏商品猪数量（pigsmarketedpersowperyear,PMSY），降低料肉比（feedconversionratio,FCR）。为什么是围绕这两个引领性目标呢？下面来看一下猪场效益的基本公式：

猪场效益＝收入 － 成本
当收入/成本＞1时，盈利
当收入/成本＝1时，平衡
当收入/成本＜1时，亏本

从上面的公式可以看到，猪场要盈利可以从两方面着手：一个是提高收入，另一个是降低成本。那么收入和成本分别由哪些方面所决定的呢？让我们继续用公式进行解析：

收入＝上市商品猪数（头）×每头商品猪的上市体重（kg）×每千克体重的市场价格（元）

| 上市商品猪数=PMSY×存栏母猪数（PMSY是由猪场的生产力水平决定的） | 每头商品猪上市时重量一般在125～150kg，不同市场对于商品猪上市体重的喜好有所不同 | 市场价格随市场浮动而变化，猪场很难把控 |

从对猪场收入的解析可知，市场价格难以控制，商品猪上市体重相对固定，最能拉开猪场收入差距的指标是上市时商品猪的数量。因此，在存栏母猪数量既定的情况下，PMSY就成为猪场提高收入的关键管理指标之一了。

我国猪场目前PMSY是怎样的一个水平？国际上的先进水平又如何呢？从表2-1可知，我国猪场的PMSY水平与国际上的先进水平之间差距显著，只达到丹麦平均水平的一半。而我国优异PMSY基本与美国持平，说明我国母猪PMSY在技术上具有达到国际先进水平的潜力。若以相同的上市体重计算，生产出同样数量的商品猪，按欧美及我国优异的PMSY水平可以节约38%～50%的能繁母猪数量。

表2-1　我国和欧美养猪效率的比较

项目	我国平均	我国优异	美国平均	丹麦平均
PSY（头）	21.13[b]	28.3[c]	27.35[d]	34[d]
PMSY（头）	15.72[a]	25[c]	24.97[d]	31.5[d]
相对中国现状效率	1	1.59	1.59	2.00
需要能繁母猪数量（万头）	4 359.5[a]	2 741.8	2 741.8	2 179.8
需要母猪总量（含10%后备母猪，万头）	4 843.9	3046.4	3 046.4	2 422

注：[a]我国农业农村部2021与2022年平均值；[b]2022微猪数据年报；[c]我国某先进规模猪场公开数据；[d]AHDB（英国农业与园艺发展局，2021）。PSY，pigsweanedpersowperyear，每头母猪每年提供的断奶仔猪数量。

本着复杂问题简单化的原则，计算当PMSY水平由15头提高至25头时，可以给猪场增加多少经济效益。如表2-2所示，一个存栏数为500头母猪的猪场，假设在其他指标不变的情况下，每头商品猪的毛利是300元时，PMSY提高10头，猪场利润可增加150万元。因此，在猪场管理目标中，PMSY应该定为猪场管理的首要量化指标。

表2-2   提高PMSY可以带来的经济效益

项目	现状	目前优异	差异
存栏母猪数（头）	500	500	
PMSY（头）	15	25	10
年总出栏商品猪数（头）	7 500	12 500	5 000
出栏均重（kg）[a]	129	133	
每头商品猪的毛利（元）	300	300	
每头母猪创造的利润（元）	4 500	7 500	3 000
全场每年利润（元）	225 0000	375 0000	150 0000

注：[a]来源于《全国农产品成本收益资料汇编2022》。

从国外养猪业升级转型的发展历程来看，提高猪场的PMSY水平也成为猪场管理的关键控制指标。丹麦的养猪及猪肉产业经过100多年的发展，已经成为丹麦国民经济的支柱产业之一，并成为当今世界同行业的巨头之一。在过去的30年中，丹麦在养猪生产方面经历了巨大的演变，全国的猪场数量和母猪存栏数量逐年降低，但商品猪产量却逐步提升，其中生产效率特别是PSY的突破发挥了重大作用。2021年，丹麦农场PSY为34.0头，在某些特殊情况下甚至达到40头，远远高于其他国家，已成为全球养猪业的标杆。丹麦近30年养猪业的PSY变化见图2-1。

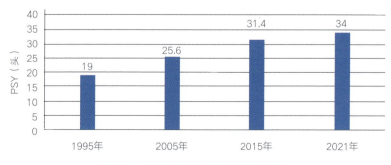

图2-1   丹麦养猪业近30年的PSY变化

2 猪场清单式管理目标的设定 | 13

相似的，从20世纪70年代开始，美国养猪业进行了工业化式的发展，到2000年基本完成了工业化。美国养猪业用30年带来了巨大变化，PMSY提升了42.80%，养殖户淘汰80%~90%，母猪存栏量减少约40%，年商品猪出栏量却提高约63%（表2-3）。

表2-3 美国养猪业模式及生产效率的变化

项目	1970年	2008年	削减/上升幅度（%）
商品猪场（万户）	70	7	−90
专业育肥场（万户）	30	7	−76.67
母猪存栏量（万头）	1 000	580	−42
年商品猪出栏量（万头）	7 000	11 400	62.86
PMSY（头）	14	20	42.80

从丹麦和美国的养猪发展历程来看，国外养猪业经历生产效率、养猪业规模化、集约化程度提高的转型升级过程。回顾我国养猪业的发展历程发现，我国走的是后来居上、跨越式的发展路径。2013—2022年，猪场数量下降60%，母猪存栏量下降14.31%，而年商品猪出栏量和猪肉产量几乎没有下降（表2-4）。加之育种、生物安全等技术快速提升及向国际学习先进经验，未来我国生猪转型与升级的速度会更快。

表2-4 我国养猪业的变化

项目	2013年	2022年	削减/上升幅度（%）
商品猪场（万户）	5 212	2 077	−60.15
母猪存栏量（万头）	5 132	4 390	−14.31
年商品猪出栏量（万头）	71 557	69 995	−0.021
母猪年供上市商品猪数（头）	14	15.94	13.86
猪肉产量（万t）	5 619	5 541	−1.39

资料来源：《中国畜牧兽医年鉴》（2020）。

在提高收入上，我们把PMSY作为猪场管理的一个可量化的目标，那么在降低成本上我们有哪些可量化的指标呢？下面继续对猪场盈利公式进行分解：

$$猪场盈利系数 = \frac{收入}{成本} = \frac{猪价（元/kg）×上市商品猪数量（头）×上市重量（kg/头）}{料价（元/kg）×料重（kg）÷饲料所占成本比例}$$

$$= \frac{猪价（元/kg）}{料价（元/kg）} ÷ \frac{料重（kg）}{猪重（kg）} ×饲料所占成本比例$$

$$=猪料比÷全群料肉比×饲料所占成本比例$$

式中，猪重为上市商品猪数量（头）×上市时的平均重量（kg）；

料价为全群加权平均饲料价格（元/kg）；

料重为全群加权平均采食重量（元/kg）。

$$全群料肉比 = \frac{猪场全年采食饲料总量（kg）}{年出栏商品猪数量（头）×出栏商品猪的平均体重（kg）}$$

从上述猪场盈利公式可知，猪场盈利系数与饲料所占成本比例、全群料肉比、猪料比直接相关。那么如何来调控这三个指标，使猪场盈利系数值更大，从而使猪场实现最大化盈利呢？

下面我们将对这三个指标分别进行解析：

2.2.1 饲料所占成本比例

图2-2和图2-3清晰地展示出了猪场成本组成及其占比情况，其中饲料是猪场成本的主要部分，占比一般达到70%以上，不同养殖规模的猪场其饲料占比也在70%～85%之内浮动，当猪场养殖规模相对稳定时，饲料所占成本比例也相对固定。

图2-2 猪场饲料所占成本分析

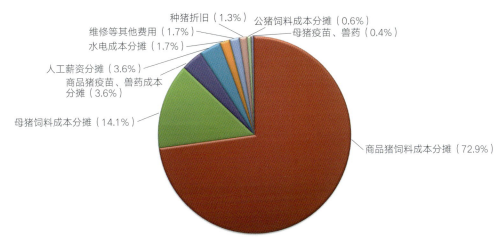

图2-3 商品猪成本比例示意图

2.2.2 猪料比

猪料比是上市商品猪价格和饲料价格比值的一个综合体现，商品猪价格是一个动态指标，会随着市场行情的变化而实时变动；饲料价格，包括种猪、保育仔猪、仔猪、育肥猪等多个饲养阶段猪所需饲料的价格，是一个平均值。因为玉米在饲料原料中的占比较高且稳定（图2-4），故为了更好地衡量这一指标，我们可通过对猪粮比这一指标的研究来直观体现。

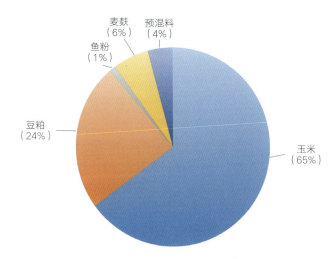

图2-4 母猪料原料用量示意图

所谓猪粮比，是指商品猪出场价格与商品猪主要饲料原料玉米批发价格的比值。按照我国近年来的市场情况，当商品猪价格和玉米价格比值在6.0时，生猪养殖基本处于盈亏平衡点。猪粮比值越高，说明养殖利润越高，反之则越低。但比值过大或过小都不正常。

而猪粮比值6.0的盈亏平衡点是基于我国的养猪水平上所定的指标，这个可以从近几年的数据得到验证（表2-5）。

表2-5　2016—2022年我国养猪市场行情分析

年份	商品猪价格（元/kg）	饲料价格（元/kg）	玉米价格（元/kg）	猪粮比值	猪料比	玉米价格/饲料价格	商品猪重量（kg）	饲料重量（kg）	饲料占成本比例（%）	全群料肉比	猪场盈利系数	毛利（元/头）
2016	18.76	3.21	2.15	8.73	5.84	0.67	125	406	80	3.25	1.44	715
2017	15.24	3.22	1.97	7.74	4.73	0.61	125	398	80	3.18	1.19	305
2018	12.82	3.36	2.1	6.10	3.82	0.63	125	375	80	3	1.02	28
2019	21.39	3.28	2.08	10.3	6.52	0.63	125	375	80	3	1.74	1 136
2020	34.19	3.26	2.3	14.87	10.49	0.71	125	413	80	3.3	2.54	2 593
2021	20.26	3.6	2.93	6.91	5.63	0.81	125	413	80	3.3	1.36	676
2022	19	3.6	2.94	6.46	5.28	0.82	125	413	80	3.3	1.28	519

注：①商品猪价格、饲料价格、玉米价格都为全年平均价格；
　　②全群料肉比3.4（当今我国养猪业的平均水平）；
　　③饲料在养猪成本中的占比在70%以上（市场主流规模猪场平均水平）；
　　④猪场盈利系数根据猪场盈利公式计算得出。

2018年8月，在辽宁沈阳发现我国第一例非洲猪瘟病例，随后该病立刻传遍了全国，更是持续到2021年才得到有效控制。由非洲猪瘟导致的生猪的大规模扑杀造成供给端紧张，猪肉价格飙升，猪粮比值也在此期间达到历史高点。

从近几年的数据来看，当猪粮比值低于6.0时，猪场盈利系数小于1，养猪处于亏本状态；而当猪粮比值高于6.0时，猪场盈利系数大于1，养猪处于盈利状态；当猪粮比值在6.0左右时，盈亏处于平衡的状态，而这些数据都源自于全群料肉比在3.4的养殖水平上。

根据生猪生产成本构成历史资料测算，我国生猪生产达到盈亏平衡点的猪粮比值约为6.0。国家加强对生猪等畜禽产品的价格监测，采取综合调控措施，促使猪粮比值、能繁母猪存栏量指标保持在合理范围内，主要目标是使猪粮比值处于绿色区域内，即为（6～8.5）:1。

猪粮比值的下降调整，主要是由于标准化养殖比重明显提高，国内整体的养殖水平得到大幅提升。猪粮比值是国家和市场综合调控的结果，它是一个市场指标，同时也反映出猪料比这一指标的变动主要还是受市场的影响。

2.2.3　全群料肉比

当养猪养殖水平提升时，猪场的盈亏平衡变化见表2-6的分析。

表2-6　猪场盈亏平衡变化分析

项目	商品猪价格（元/kg）	饲料价格（元/kg）	玉米价格（元/kg）	猪粮比值	猪料比	玉米价格/饲料价格	商品猪重量（kg）	饲料重量（kg）	饲料占成本比例（%）	全群料肉比	猪场盈利系数	毛利（元/头）
A	15	3.53	2.5	6	4.25	0.71	125	425	80	3.4	1	− 0.31
B	15	4	2.8	5.28	3.75	0.71	125	375	80	3.0	1	0
C	15	3.52	2.5	6	4.26	0.71	125	375	80	3.0	1.14	225

A和B比较，当全群料肉比从3.4降至3.0时，猪粮比值在5.28时就可以达到猪场的盈亏平衡，这比预案中5.50的水平还要低。

A和C比较，当猪料比、饲料所占成本比例都保持不变的情况下，当全群料肉比从3.4降到3.0时，猪场盈利系数达到1.14，即是当全群料肉比下降0.4之后，猪场盈利系数增加0.14，每头商品猪的毛利能够达到225元！

结合猪场盈利公式进行分析：

猪场盈利系数 = 猪料比 ÷ 全群料肉比 × 饲料所占成本比例

当数值＞1时，盈利；=1时，平衡；＜1时，亏本。即当猪料比、全群料肉比、饲料所占成本比例这三者结果为1时，猪场处于盈亏平衡状态；当结果大于1时，猪场盈利，且结果越大猪场利润越高。

综合以上对饲料所占成本比例、猪料比、全群料肉比三个指标及猪场盈利公式的分析可以看出，当规模猪场建成、养殖规模稳定之后，饲料所占成本比例就相对固定；而猪料比是一个市场综合指标，其主要受市场价格变动而变动；最能体现猪场盈利与否的指标就是全群料肉比，其高低与猪场内部生产水平息息相关，它是猪场生产成绩的一个综合体现，猪场盈利系数的大小可通过提高生产水平、降低全群料肉比的途径来进行调节。因此，全群料肉比就成为猪场管理的又一个关键指标了。

料肉比指标是影响猪场效益的关键点，参考标准见表2-7。

表2-7 规模养猪场料肉比参考标准

项目	领先水平	较高水平	较低水平
全程	2.4：1	2.6：1	2.8：1
全群	2.9：1	3.2：1	3.4：1

注：目前我国猪场料肉比处于较低水平。

关于猪场全群料肉比的差异及由此带来的经济效益差距见表2-8。

表2-8 全群料肉比对猪场效益影响的分析

项目	领先水平	现有水平	差异
存栏母猪数（头）	500	500	
PMSY（头）	20	20	
年出栏商品猪总数（头）	10 000	10 000	
全群饲料平均价格（元/kg）	3.92	3.92	
出栏商品猪的平均重量（kg）	125	125	
全群料肉比	2.9	3.4	0.5
每头商品猪消耗饲料（kg）	362.5	425	62.5
饲料成本（元）	1 421	1 666	245
全场总消耗饲料（t）	3 625	4 250	625
全场饲料总费用（万元）	1 421	1 666	245
每头商品猪降低的成本（元）		245	
每千克商品猪降低的成本（元）		1.96	

表2-8中再次本着复杂问题简单处理的原则，当其他指标不变而仅是全群料肉比不同时，同样是一个500头母猪的规模猪场，目前猪场现有水平FCR为3.4，和领先水平（美国现在平均水平，FCR＝2.9）相比，我国每头商品猪要多消耗62.5kg的饲料，饲养每头商品猪的成本要高出245元，相当于成本增加了1.96元/kg。因此可以看出，全群料肉比对于猪场的重要性，猪场能否盈利，全群料肉比是关键！

通过对上面公式的解析可以更清晰地了解，猪场要有盈利、要做到永续经营的两个关键分别是：

第一，提高收入。这样就要求必须提高上市商品猪数量，关键在于提高猪场的

PMSY。

第二。降低成本。由于饲料在成本中所占比重较大，故降低猪场的FCR是降低猪场成本的关键。

参考"二八原则"，猪场管理者要对猪场普遍问题中最关键性的问题进行决策，以达到纲举目张的效应，这样猪场的管理才能顺畅。

通过对影响猪场盈利的两大关键点进行讲解，我们明确了猪场的两个关键经营管理目标，即只有提高PMSY、降低FCR，猪场才能够获得盈利。这样猪场才可以做到从"营"到"盈"，最终走向"赢"。

清单式
管理

关　键　控　制　点

3 猪场清单式管理的
关键控制点

3.1 猪场盈利的黄金法则

德鲁克说："并不是有了工作才有目标，而是有了目标才能确定每个人的工作。"

当猪场管理者将猪场盈利、永续经营这一使命和任务落实在提高PMSY和降低FCR两个具体量化目标后，就应该对目标进行有效分解，转变成对养殖过程中各个关键点的控制，这样猪场的管理就会变得顺畅起来。

在管理时，抓住流程中的关键控制点对于制定清单尤为重要。在当今信息化时代，猪场管理者获取具体的养猪知识并不困难，而如何抓住知识中的关键点，将庞大、复杂的知识转化为有效的操作方案才是关键，这也是当前规模猪场最为缺乏的管理手段。

从图3-1中的公式可以看出，猪场饲养管理的关键控制点就在品种、营养、猪舍环境、生物安全和管理五个方面，概括起来为"种、料、舍、防、管理"（图3-1）。因此在制定猪场管理清单时，可以通过猪场盈利关键点来理清思路。为了方便读者更好地理解猪场管理关键控制点，本章将分别对猪场团队管理、猪场引种程序、猪的营养、猪场栏舍建设及猪场生物安全五个方面进行阐述。管理贯穿在猪场工作的各个环节当中，并且要制度化、流程化、表格化，将在后面的章节中以清单内容具体呈现。

猪场盈利 =（品种+营养+猪舍+生物安全）× 管理

图3-1　猪场管理黄金法则

3.2 人——猪场团队管理

　　中国养猪业正经历前所未有之变革，处于养猪大国向养猪强国迈进的关键时点，随着中国式现代化的发展，我们应该思考这样一个问题：中国养猪业未来的发展方向是集团化、中小规模、还是家庭农场呢？

　　想要探索出适合的发展模式，可以参考欧美先进国家。丹麦是世界上最大的猪肉出口国之一，主要采用养猪、屠宰、销售三位一体的"皇冠集团"联合体模式；荷兰作为传统的养猪大国，其猪肉被世界公认为质量高，并组建了"猪肉生产组织联盟"，推动整个行业合力共同发展；法国生猪业在环保高压和土地资源紧缺的约束下，经历了从小规模分散生产、到大规模养殖、再到适度规模养殖的发展路径；美国目前的生猪养殖正朝向大集团化屠宰企业纵向一体化合同生产模式。从中国的土地状况和养猪现状来考虑，中国情况更接近于欧洲。

　　中国养猪水平还有很大的潜力，而养殖水平的提升关键在人，在于打造一支专业的经营团队。对猪场团队的打造，特别是现阶段应该向先进企业学习，制定长远的企业文化和使命、共同的愿景和目标，强化组织建设，创造迭代性的成长平台。通过体系支撑和岗位构建，打造团队专业人才，持续成长，猪场才能实现长效发展（图3-2）。

图3-2　猪场团队建设及管理模型

3.2.1　企业文化引领

　　企业文化是团队建设的灵魂、是凝聚人心的组织力。企业文化在企业发展过程中形成，反过来又影响企业发展。现代化规模猪场需要结合自身情况，制定适合自己的企业文化。企业文化影响价值观，价值观是企业文化的核心。价值观本质是价值的排序、取舍的标准，所以企业应该形成统一的核心价值观。核心价值观统一，就有了统一的取舍标准，就可以打造共同的愿景、规划阶段性目标。

文化建设，使命统一，价值观统一。目标明确，就可以选择、培养认同核心价值观的核心成员，建设更具契合度的团队。成员只有人尽其才，团队才能成为一支优秀的团队。

猪场员工入职伊始，就应该接受企业文化的学习，了解并熟悉猪场的发展理念，打下企业文化的根基，随着猪场现状的认识、发展理念的不断深入了解、企业文化的持续熏陶，自身发展方向与猪场发展理念逐步吻合，从企业文化中汲取营养，融入整个团队，实现个人与猪场的共同发展（表3-1）。

表3-1　企业文化

项目	内容
使命	让国人享用全球最高品质猪肉食品。
愿景	全球最强的猪全产业链企业。
价值观	真诚、朴善、友爱、学习、品质、效率。
发展战略	争创第一、产业联合、管理智能、环境友好、品质品牌、同创共享。
猪企九化	管理者高尚化、团队专业化、机制共享化、生产科技化、品质优质化、产业生态化、设备智能化、管理数字化、粪污资源化。

3.2.2　树立愿景与目标

愿景与目标（表3-2）是企业价值观的直接体现。有愿景没有目标，愿景只能是空中楼阁；有目标而没有愿景，永远是见树不见林，达不到山顶。

表3-2　树立愿景和目标

项目	内容
愿景描述	行业形势下的机遇，独立思考，清晰可见，坚信自己才能感动他人。
目标制定	阶段性目标，一定要有数字模型及逻辑性。
细化目标	每个工序、每位员工都要清楚具体的数字目标。

愿景，是感性的愿望、景象。团队领导者和骨干，必须具备愿景的描述能力。描述愿景，第一，要把握时代、行业形势下的机遇；第二，一定要独立思考，清晰可见。只有自己相信了，才能让别人相信，要把愿景化为愿力、理想信念，带领团队实现心中的愿望。这种愿望就是创业初心，要不忘初心，奋勇前进。

目标是理性的具体场景或标准，具有数字化的逻辑性。在树立目标的过程中，要特别强调目标的重要性和逻辑性。从企业、部门到每位员工，都应制定具体的阶段性目标，有具体的数字标准，要特别强调目标的重要性和逻辑性。

3.2.3 团队组织建设

强化团队组织建设（表3-3），需要经营者从企业文化出发，统一价值观，以美好愿景与目标为指引，从组织架构、团队纪律、团队能力和团队活力四大方面来全力打造。

首先，要以战略为指引，设计好组织架构。组织架构设计好了，战略的每部分内容才能责任到人，让员工发挥出各自的优点、潜力。其次，要强调纪律。团队中领导尤为重要，领导正，团队作风才有可能正，员工也能摆正长远与眼前、集体与个人的利益；再次，团队要具备思维能力、作业能力和主动学习能力，自动自驱。最后，要保持团队活力。团队以第一为标杆，对标分析，实行纵横向比拼，以事业平台来激励成员。组织不断扩充，员工持续成长，组织分级裂变，建立小而精的创业单元组织，推行冲锋型组织建设，团队和个人都能持续迭代成长。

表3-3　团队组织建设

项目	内容
组织架构	组织裂变，创业单元组织，冲锋型组织架构。
团队纪律	领导正，正人正己，精神，作风，守则。
团队能力	思维能力，作业能力，学习能力。
团队活力	标杆带动，对标分析，同级比拼，事业平台。

3.2.4 专业人才培养

强化团队组织建设，从团队中成长为专业人才（表3-4）。团队组织的人才培养，是企业持续、健康、长效发展的根本保障。猪场要建立一整套的选人、育人、用人、留人标准，通过业绩考核选拔专业人才、成就专业人才，形成一个良性循环的人才培养机制，让人才与组织共同发展。

表3-4　专业人才培养

项目	内容
选人	领导层亲自面试，品德忠于能力。
育人	赋予责任和挑战，薪酬激励，培训，文化，晋升通道。
用人	能力重于学历，坦率直接，简单高效。
留人	充分信任，充分授权，优胜劣汰。
绩效评估	人人关注目标，人人实现绩效提升，用绩效评估。

3.2.5　管理者成长思维

猪场管理者首先要认同企业文化，统一核心价值观，树立第一的经营思维理念，构建猪场未来的发展愿景，然后将愿景分解为战略、目标。而要实现这个愿景，必须去感召更多的人。要感召人，首先要设计好组织架构，对队伍进行分工，发挥每个员工的能量及特长。队伍组建起来后，必须要有纪律保证，要能干事，且要主动学习，有正确的思维、过硬的技能。工作完成后需要对其进行科学评估，让有能力的人得到更高的报酬，获得更大的舞台。只有优秀团队持续成长，目标才有可能实现。

领导者需要用企业文化的价值观来修炼自我，必须具备两个能力：一个是愿力，另一个是领导力。愿力是用愿景描绘能力，心中有愿景，就会坚定信念，就会遇难而乐、自我激励，始终不忘初心，奋勇前行；领导力是带领团队的能力，领导者是一个团队战斗力的引擎，要充分了解团队中的每个员工，发挥每个员工的优势，并带领团队选择正确的路径。有了愿景，有了团队，就可以在一起干大事业。事业发展起来，对社会越来越有影响力，就可以创造更大的贡献，回馈社会，快乐工作，奉献为乐，创造幸福人生。

3.2.6　组织运营模式

国内养猪已经是一个重资产模式，单体规模猪场投资少则千万元，多则上亿元、几十亿元，对猪场的运营管理能力提出了越来越高的要求。各条生产线需不断地进行效率改善，从整体目标及分项目标的实现过程中，建立猪场全面质量管理体系，各条生产线相互配合，共同促进。

生猪养殖中每个环节都应有对应的责任人，责任人对流程、决策和结果都负有明确责任。员工具有主人翁意识，从长远考虑，主动做好精细化过程管理，减少非必要的浪费和隐性成本，各环节成本能够得到有效控制。只有养殖成本控制得越好，才越有可能创造高效的经济效益。

　　团队成员熟悉掌握岗位职责，理顺各条生产线的运营流程，特别要培养数据化思维，掌握养殖成绩的提升、成本精细的下降、管理效率的提高，各环节相互配合，共享协作。

　　团队组织建设，不仅能通过外在目标推动，更重要的是要培养内驱力，打造一个"自我驱动"型组织。对标第一，以第一定位未来发展方向，用具体的数字描述出现状及阶段发展目标，与行业、自我发展水平进行纵横向比拼，比学赶帮超，自动自驱，始终成长（表3-5）。

表3-5　组织运营模式

项目	内容
持续效率提高	流程目标分解，效率提高，全面质量管理。
严控成本和预算	过程管理精细化，严控成本费用，追求细节。
共享协作	理顺运营流程，相互配合，有数据化思维。
建设自驱型组织	对标第一，用数字描述，价值呈现，纵横比拼，自我驱动。

3.2.7　猪场永续经营方案

　　面对如今我国养猪现状，猪场不能局限于养好猪、获得好的养殖成绩的传统思维，而要放大格局，对标全球，不局限于自我满足，一步步超越标杆，达到全球第一水平。猪场要实现宏伟目标，争创第一，基础是要强化组织建设，使猪场经营团队不断迭代成长，将团队成员培养为专业化人才。猪场永续经营达到全球第一水平，联合上下游，引领整个产业健康持续发展，最终实现强农报国的长远梦想。

3.3　种——猪场引种程序

　　"后备种猪是猪场的未来"！种猪的引进关系着一个养猪企业的未来发展，必须付诸极大的关注。如果种猪引进和培育管理不规范，种猪的繁殖潜力就很可能得不到充分发挥，或合格率低，或二胎综合征占比高，或被提前淘汰，影响猪场效益。

　　因此，猪场在进行引进种猪时有必要了解以下信息。

3.3.1 不同品种的种猪性能比较

详见表3-6。

表3-6　不同品种的种猪性能比较

项目	品种		长白猪	大约克猪	杜洛克猪	长大二元猪
生产性能	母猪初情日龄（d）		170 ~ 200	165 ~ 195	170 ~ 200	165 ~ 200
	适合配种时期	日龄（d）	230 ~ 250	220 ~ 240	220 ~ 240	220 ~ 230
		体重（kg）	> 120	> 120	> 120	> 130
	母猪产仔数	初产母猪数（头）	> 10	> 10	> 8	> 10
		经产母猪数（头）	> 11	> 12	> 9	> 11
		窝均总产仔数（头）	12.57	13.11	—	—
	21日龄窝重	初产母猪体重（kg）	> 50	> 50	> 40	> 50
		经产母猪体重（kg）	> 55	> 55	> 50	> 55
生长性能（达100kg体重时）	日龄（d）[1]		163.81	165.04	163	< 170
	料肉比		2.4 ~ 2.6	2.3 ~ 2.6	2.3 ~ 2.5	< 2.8
	背膘厚（mm）[1]		10.82	10.98	10.4	< 15
胴体品质	屠宰率（%）		> 70	> 70	> 70	> 70
	后腿比例（%）		> 32	> 32	> 32	> 32
	胴体背膘厚（mm）		< 18	< 18	< 18	< 18
	胴体瘦肉率（%）		约65	> 65	> 66	> 62

注：[1]参考《国家生猪核心育种场年度遗传评估报告》中的2021年母猪数据，不同育种公司的不同品系之间性能指标会有差异，以上提出的要点仅供参考。

3.3.2 不同品系种猪主要性状特点比较

（1）不同品系母猪繁殖性能比较　由于不同国家育种方向存在差异，如欧系（法系、丹系）种猪着重于繁殖性能的选育，兼顾良好的生长速度与瘦肉率；北美系（加系、美系）种猪更关注于体型与抗逆性（肢蹄、适应性、耐粗性）性能，体现出更强的适应性；PIC配套系种猪注重于综合性能选育。因此，相同品种不同品系间种猪的性状可能表现不同。

研究不同品系长白猪母猪繁殖性能时发现，美系总产仔数和活仔数最低，丹系、加系和法系总产仔数差异较小，法系的活仔数相对较高（表3-7）。曹洪战等（2005）

也证实丹系长白猪总产仔数和活仔数分别比美系猪高1.5头和1.2头。监测广西天福种猪场3个品系大白猪2011—2017年生产性能的结果发现，丹系初产仔数最多，法系次之，美系最少，丹系窝产活仔数比美系平均高3.57头（吴建新，2018；曹俊新等，2019）（表3-8）。姜红菊等（2019）研究也表明，欧系大白猪的繁殖性能优于北美系（表3-9）。

表3-7 不同品系长白猪母猪产仔性状比较（头）

品系	总产仔数	活仔数
加系	14.35	12.41
法系	14.32	13.48
丹系	14.42	12.11
美系	11.44	10.51

表3-8 不同品系大白猪初产仔数对比（头）

品系	窝数[1]	初产仔数[1]	窝数[2]	窝产活仔数[2]
丹系	60	14.93	1 057	15.26
法系	64	12.36	—	—
美系	69	10.38	466	11.69

资料来源：吴建新（2018）[1]和曹俊新等（2019）[2]。

表3-9 两个品系大白猪的繁殖性能对比（头）

品系	分娩窝数	总产仔数	健仔数
北美系	568	12.76	11.98
欧系	528	13.93	12.16

资料来源：姜红菊等（2019）。

（2）不同品系公猪生长性状比较　日增重、料肉比、屠宰性能等指标是养猪重要的经济性状，对不同品系公猪进行生产性状测定对后续的公猪选择至关重要。邵玉茹等（2022）收集了河北省种畜禽质量监测站种猪质量监督检验中心2010—2018年来自全国52个猪场、2 522头公猪（525头杜洛克猪、1 416头大白猪、581头长白猪）的生长测定记录，分析结果显示，杜洛克猪4个品系中（表3-10），英系的日增重最大、生长速度最快、饲料转化率最高、瘦肉率最高，台系、加系和美系的生长性能没有显著差异，但是加系和美系的胴体性状优于台系。大白猪5个品系公猪中（表3-11），美系、英系生长速度较慢，饲料转化率和瘦肉率相对较高。长白猪5个品系公猪中（表3-12），丹系在生长速度、饲料转化率和日增重方面表现最优，英系次之；美系长白猪公猪的瘦肉率最高，丹系长白猪公猪的眼肌面积和瘦肉率最低，加系、英系也略低。

以上表明，不同品系母猪和公猪在繁殖性能和生长形状上表现优势各异，在后续育种中应根据各个品系猪的特点进行组合，发挥各自最大优势。如用美系和法系猪间繁殖测定显示，美×法系大白猪杂交猪早期生长速度最快，而法×美大白猪杂交猪后期生长速度最快。表明如果将美系大白猪作为父本，后代早期的生长速度较快；反之，后代后期的生长速度较快（龚琳琳等，2012）。因此，在育种工作中根据育种目标的不同合理选择父本和母本的品种品系，可以有效提高育种进度（图3-3和图3-4）。

表3-10 不同品系杜洛克猪公猪生长性能比较

生长性能	加系	美系	台系	英系
达100kg体重日龄（d）	161.40 ± 10.12^a	159.24 ± 11.90^a	158.67 ± 12.21^a	149.29 ± 10.85^b
日增重（g）	824.90 ± 64.67^b	848.10 ± 93.36^b	836.18 ± 93.51^b	932.10 ± 108.30^a
饲料转化率	2.15 ± 0.14^a	2.13 ± 0.17^a	2.16 ± 0.15^a	2.03 ± 0.16^b
100kg活体背膘厚（mm）	9.67 ± 1.77^b	9.67 ± 1.83^b	11.01 ± 2.01^a	9.16 ± 1.77^b
100kg眼肌面积（cm²）	37.21 ± 3.97^a	36.47 ± 3.76^a	35.09 ± 3.96^b	37.43 ± 3.76^a
瘦肉率（%）	57.01 ± 2.31^a	56.72 ± 2.05^a	55.65 ± 2.09^b	57.05 ± 1.83^a

资料来源：邵玉茹等（2022）。

表3-11 不同品系大白猪公猪生长性能比较

生长性能	丹系	法系	加系	美系	英系
达100kg体重日龄（d）	156.23 ± 11.69^c	155.25 ± 11.96^c	155.02 ± 11.00^c	159.10 ± 11.90^{ab}	159.87 ± 13.27^a
日增重（g）	872.90 ± 99.10^{ab}	883.47 ± 107.42^a	886.72 ± 102.89^a	866.68 ± 92.82^{ab}	852.77 ± 110.62^b
饲料转化率	2.11 ± 0.20^c	2.17 ± 0.15^a	2.13 ± 0.17^{bc}	2.12 ± 0.16^{bc}	2.10 ± 0.19^c
100kg活体背膘厚（mm）	11.53 ± 2.22^a	9.88 ± 1.82^c	9.86 ± 1.83^c	10.50 ± 2.09^b	10.27 ± 2.21^{bc}

（续）

生长性能	丹系	法系	加系	美系	英系
100kg眼肌面积（cm²）	34.28 ± 3.39^b	32.75 ± 3.70^c	34.35 ± 3.42^b	36.29 ± 3.87^a	36.06 ± 4.00^a
瘦肉率（%）	54.88 ± 2.12^c	54.81 ± 1.90^c	55.67 ± 1.82^b	56.25 ± 2.17^a	56.32 ± 2.43^a

资料来源：邵玉茹等（2022）。

表3-12　不同品系长白猪公猪生长性能比较

生长性能	丹系	法系	加系	美系	英系
达100kg体重日龄（d）	150.86 ± 11.90^c	161.66 ± 10.60^a	158.43 ± 11.43^{ab}	160.23 ± 12.08^a	155.04 ± 12.67^b
日增重（g）	990.96 ± 109.40^a	831.60 ± 92.58^c	835.11 ± 91.07^c	859.78 ± 98.30^{bc}	882.90 ± 92.85^b
饲料转化率	1.95 ± 0.13^d	2.17 ± 0.18^{ab}	2.21 ± 0.15^a	2.14 ± 0.17^{bc}	2.09 ± 0.17^c
100kg活体背膘厚（mm）	9.94 ± 1.765^b	9.80 ± 1.95^b	10.92 ± 2.53^a	10.34 ± 1.94^{ab}	10.79 ± 1.79^a
100kg眼肌面积（cm²）	32.22 ± 2.85^d	34.94 ± 4.75^c	35.59 ± 4.39^{bc}	37.09 ± 4.16^a	35.85 ± 3.61^{bc}
瘦肉率（%）	54.46 ± 1.61^c	56.01 ± 2.54^{ab}	55.56 ± 2.51^b	56.69 ± 2.38^a	55.69 ± 1.95^b

资料来源：邵玉茹等（2022）。

　　在实际生产中，除繁殖性能差异外，不同品系种猪饲养要求及肢体性状等表现差异也较大（表3-13）。欧系（法系、丹系）种猪对饲养要求相对更高，且肢蹄较弱，抗逆性强；法系种猪胎次稳定，抗逆性强，营养要求适中，体型大，但肢体较弱，淘汰率高，使用年限较短；丹系种猪繁殖性能高，对饲养要求更高，肢蹄缺陷更明显，易出现二胎综合征等。北美系（加系、美系）种猪更关注于体型与抗逆性能（肢蹄、适应性、耐粗性）选育，体现出更强的适应性。加系种猪的各生产性能指标相对更均衡，无明显缺陷。美系种猪则表现为更卓越的适应性与耐粗性，对中国环境的适应性好，肢蹄健壮，且体型较好、高大美观，更符合中国审美观。PIC配套系种猪更注重于综合性能选育，其商品代含有大白猪、长白猪、杜洛克猪（白毛）、皮特兰猪（已去除氟烷基因），甚至还有中国梅山猪的血统，表现出较强的适应性，繁殖性能好，后代抗病力强、生长速度快、瘦肉率高、肉质好；缺点是后代在生长后期耗料比较高，且无法育种，需连续引种，不便于自身育种体系的建立。未来，PIC种猪也是养猪业发展的趋势之一。

表3-13　主要性能指标比较

性能指标		法系	丹系	加系	新美系	PIC配套系
种猪性状	饲养（饲料）要求	较高	高	适中	耐粗	高
	种猪肢蹄	较好	较弱	较好	健壮	较好
后代性状	料肉比	较好	较高	较好	一般	一般
	瘦肉率	较高	较高	适中	稍低	较高
	达100kg体重日龄	较快	较快	适中	一般	较快
	达100kg体重背膘厚	适中	较薄	适中	较厚	较薄
	后代抗病力	较好	一般	强	强	强
	后代体型	高长为主	偏长	体型适中	体型大	偏长

注：不同品系种猪选育重点不同，所以生产性能各有优劣。

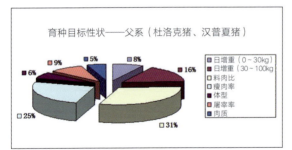

①料肉比
②瘦肉率
③日增重（0～30kg、30～100kg）
④屠宰率
⑤体型（四肢、睾丸、背部线性结构等）
⑥肉质（胴体品质）

图3-3　某育种公司丹系种公猪主要育种指标——父系

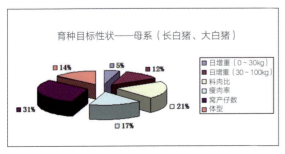

①繁殖性状：窝产总（活）仔数、泌乳性能
②料肉比
③瘦肉率
④体型（四肢、乳头与阴户、背部线性结构等）
⑤日增重（0～30kg、30～100kg）

图3-4　某育种公司丹系种公猪主要育种指标——母系

近年来随着育种技术的进步，各品系公猪的综合性能也在不断提升，如新美系、加系的繁殖性能及生长速度等均取得较大进展，法系、丹系的肢蹄缺陷问题也在逐渐改善。

$$表现型 = 基因型 + 环境$$
$$（种猪品系）（栏舍 + 管理 + 营养）$$

对于猪场来说，养什么品系的种母猪更适宜呢？猪群的生产性能取决于种猪品系及猪场饲养环境，由于不同猪场的栏舍环境、饲料营养及饲养管理手段存在较大差异，故选择适合自己养殖的品系才是最好的，切忌盲目跟从！

3.3.3　国内种猪选种中存在的问题

猪场每年的种猪更新率为25%～35%，有些猪场是自留后备种猪，有些猪场则从外部引种。但是在品种选择、选种标准、选种过程、选种理念、健康标准等方面存在诸多问题，笔者对此进行了总结（表3-14），供行业人员参考。

表3-14　猪场选种存在的问题及内容

序号	问题	内容
1	回交导致杂交优势降低	由于存在生物安全、猪群健康、市场因素等，故有小部分猪场选择回交二元猪、回交三元猪，甚至是回交四元猪，导致杂交优势逐步降低。
2	近亲杂交严重	由于长期固定场所，部分猪场一直用场内同一品种公猪杂交，故导致近亲杂交率上升，严重影响猪场的生产性能，尤其是一些系谱管理比较粗犷的猪场。
3	盲目引进品种	猪群生产性能取决于多方面因素，包括种猪品系、饲养环境、硬件设施、饲料营养及饲养管理手段等。许多猪场未评估猪场的实际条件，盲目引种。
4	种猪市场鱼龙混杂	（1）许多小规模种猪场往往证件不齐，育种水平低下，种猪品质得不到保证。 （2）品系繁杂、缺乏科学的评判手段、以次充好现象常见，选种及种猪性能测定水平参差不齐。 （3）种猪健康状况无法得到保证。
5	引种多源性问题普遍	（1）健康问题：不同种猪场管理水平不一，种猪健康水平也参差不齐。 （2）防御问题：不同种猪场来源种猪，携带的病原微生物不同。 （3）管理问题：不同品系种猪的繁殖性能等不同，对饲养要求各异。

(续)

序号	问题	内容
6	品系繁育问题突出	(1) 国内原种猪过度依赖进口，受制于国外（美系、加系、丹系、法系等为我国种猪的主要来源）。 (2) 国内重引进轻培育，没有形成自己的配套系，育种徘徊在"引种—退化—再引种"的怪圈中。
7	种猪选择标准模糊	(1) 评估手段不健全：种猪性能测定数据不完善或存在虚假成分，选种时盲目跟风。 (2) 以市场导向为主：在销售时往往更多关注猪的体型，对养殖户选种具有直接的导向作用。 (3) 认识不足：对不同品系猪的综合养殖经济价值认识不足。
8	忽视种猪健康状况	(1) 种猪的健康状况是引种时首要考虑的问题，只有高度健康的种猪才能发挥良好的生产性能。 (2) 部分养殖户在引种时过分关注种猪价格和体型，往往导致引种失败。
9	缺乏品牌意识	(1) 目前种猪企业繁多，很多养殖户不了解种猪企业中存在的猪病情况、种猪品质、育种水平等，而盲目选择。 (2) 在一定程度上，有品牌的种猪场，资金、技术都有优势，从而更能保证种猪质量。 (3) 国家认定的非洲猪瘟无疫小区猪场，首先保证了种猪非洲猪瘟的零风险。
10	运输、入场管理不规范	(1) 在猪群运输过程中，不重视车辆、人员管理，导致交叉污染。 (2) 在入场过程中，运输车直接进场。 (3) 刚引进的种猪直接进入母猪群，无隔离驯化措施。

3.3.4　种猪选种标准

在选择后备母猪时，应遵循一些既定标准，以确保获得种猪最佳的产量和寿命。挑选现场也许不可能满足所有选择标准，因此目标是保证所有性状的合理平衡，而不是让一两个指标优于其他几个指标。在评估后备种猪的肢蹄和腿部时，应注意猪要踩在坚实的地面上（表3-15）。

表3-15　种猪选种标准

选择部位	选择标准
腿部	避免前腿膝关节前突、外"八"字、内"八"字。
	避免后腿直腿、蹄弱、镰刀形、牛角形。

（续）

选择部位	选择标准
蹄部	蹄部宽厚、蹄趾较大且间距匀称。
	蹄部无裂开、无脓包、无擦伤。
乳头	至少有7对有效乳头，且大小匀称、分布均匀。
	避免乳头大小不一、发育不良、内翻、瞎乳头、副乳头。
外阴	发育良好，大小和形状良好。
	避免外阴小而尖、上翘、畸形、擦伤。
其他缺陷	避免疝气、弓背、咬尾、咬耳等。

3.3.5　引种前准备

（1）供种场选择　引种前对供种场的选择是决定引种场将来命运的关键因素，如何选择到信誉好、质量有保证的供种场非常重要。因此，在引种前要充分调研行业信息，咨询行业专家，找到适合自己的供种场（表3-16）。

表3-16　供种场选择

项目	内容
确定供种场	首先通过行业专家推荐、专业杂志介绍等途径筛选供种场，确定供种场名单、地址，再进行考察、调研。
现场考察	1.供种场周边环境良好，3km内无非洲猪瘟疫情发生，远离交通要道和村庄。 2.有完善的生物安全体系，包括进出场人员、车辆的消毒设施（如消毒池、消毒室），消毒制度是否齐全，普通员工是否有较强的防疫意识等。 3.企业领导的经营理念先进，对种猪的认识水平较高，猪场生产设备先进，经营管理良好，生产水平较高。 4.售后服务完善，包括饲养操作规程、管理规章、到场后技术指导及人员培训等，运输途中出现损伤、死亡等情况的解决办法，公猪无性欲、母猪不发情等问题的解决办法等。
提供材料	1.种猪系谱档案，一猪一卡，可追溯种猪的各种信息（出生日期、父母代、祖代），防止近亲繁殖。 2.种畜禽生产经营许可证，由供种场提供，需得到相关部门的承认。 3.售后服务政策，双方签订协议，以解决种猪购买后出现的各种问题，保障供需双方的共同利益。 4.种猪质量检测卡，一猪一卡，包含种猪从出生到现在的信息（初生重、断奶个体重、70日龄料肉比）。

（续）

项目	内容
提供材料	5.种猪性能测定数据，要求数据科学，以了解种猪品种特征、繁殖性能、生长性能、胴体品质等完整信息。 6.动物防疫合格证，由供种场提供，说明该场具备疫病预防、控制、扑灭等条件。 7.种猪合格证明，由供种场提供，说明种猪通过检疫部门检疫，结果合格。 8.健康检测报告，详见表3-17，保证种猪高健康度。

（2）健康检测　猪群健康度是选种的最重要因素，一旦引进新的疫病，将给猪场带来持久而又巨大的损失，所以严格把控引种安全是猪场能否稳定生产的关键因素。选种时应对种猪的血液病原、血清抗体进行严格检测（表3-17）。

表3-17　引种前采血检测

检测项目	检测方法	样本类型	采样数量占比（%）	合格标准
非洲猪瘟病毒	荧光PCR	血液和口鼻拭子	5～10	核酸阴性
非洲猪瘟抗体	ELISA	血清	5～10	抗体阴性
猪繁殖与呼吸综合征病毒	qPCR	血液和口鼻拭子	5～10	核酸阴性
猪繁殖与呼吸综合征抗体	ELISA	血清	5～10	s/p值＜2.0或阴性
猪瘟抗体	ELISA	血清	5～10	抗体阳性率为100%，离散度小于30%
伪狂犬病野毒抗体	ELISA	血清	5～10	gE抗体阴性
流行性腹泻病毒和轮状病毒	qPCR	肛门拭子	5～10	核酸阴性
口蹄疫抗体	ELISA	血清	5～10	抗体阳性率小于85%

（3）本场准备　在种猪入场前，场内应做好充分的接猪准备，包括栏舍、通道、人员等做好彻底消毒，生产物资、人员、设备等匹配到位，保证猪到场后能够安全入栏，在舒适的环境中隔离饲养（表3-18）。

表3-18 引种前本场准备

项目	内容
栏舍准备	1.根据引种头数、确定栏舍数量，大栏装猪切忌密度过大，每头猪的有效使用面积应大于1.4m²。 2.栏舍必须提前彻底清洗、消毒，检测合格，空舍干燥1周以上。 3.风机环控、料线、水线、保暖设备均能正常运行。
通道准备	经过彻底清洗、消毒，并检测合格，进猪前一天再次检测，合格后铺设双层彩条布。铺设过程中防止交叉污染，且固定牢靠，防止赶猪过程中散落。
人员准备	根据引种头数、饲养单元大小来匹配充足的饲养人员，要求饲养人员有较强的责任心，经验丰富，具备一定的保健、治疗知识。
物资配备	准备充足的生产物资，如挡猪板、赶猪棍、料车、料铲、扫把、铁锹、移动栏门、铁丝、老虎钳、活动扳手、螺丝刀、管钳、水桶、消毒药、兽药、注射器、手套、防护服、脚踏桶、洗手桶、舍内专用水靴，并要求全部严格消毒且检测合格。

	区域	消毒方式	消毒药	合格标准
其他区域	办公室	清扫、喷洒、擦拭	过硫酸氢钾（1∶50）	非洲猪瘟病毒阴性
	食堂	清扫、喷洒、擦拭	过硫酸氢钾（1∶50）	非洲猪瘟病毒阴性
	宿舍	臭氧消毒	臭氧	非洲猪瘟病毒阴性
	库房	戊二醛熏蒸	戊二醛（1∶150）	非洲猪瘟病毒阴性
	衣物、床上用品	浸泡、清洗、烘干	过硫酸氢钾（1∶200）	非洲猪瘟病毒阴性
	个人用品	浸泡或擦拭	过硫酸氢钾（1∶200）	非洲猪瘟病毒阴性
	地面	清扫、喷洒	过硫酸氢钾（1∶50）	非洲猪瘟病毒阴性

（4）运输准备 运输过程也是病原传播的重要环节，所以在制订引种计划时要针对运输路线、运输工具、运输时间等提前做好规划和应急方案（表3-19）。

表3-19 引种前的运输规划

项目	内容
时间安排	注意避开高温、雨季、寒冷等恶劣气候，因为运输会给猪带来较大应激。应选择风和日丽的天气，并规划好相对安全的路线。
车辆要求	1.选择种猪专用运输车，要求全封闭，并配有通风降温、饮水装置，有装卸升降平台，车内有分栏，随车配备遮阳网、篷布。 2.调查车辆运输背景，确保无非洲猪瘟疫情猪运输记录，无屠宰场运输记录。 3.装猪前注意洗、消、烘的关键点，即车内无结块物、无粪污；烘干时打开车厢门；车厢内所有挡板展开，不能叠放；遮阳网、篷布一起消毒烘干。

（续）

项目	内容
人员准备	1.每辆车安排1名技术人员，主要负责整个运输过程的监控，并实时汇报情况。 2.司机要求接受过生物安全理论知识培训，具备一定的生物安全意识，熟知种猪运输过程中的感染风险意识。若长途运输，则应配备2名司机。 3.装猪前一天，随车技术人员和司机采样检测合格后洗澡换衣，在指定地点吃住。
运输监控	1.出发前确认猪头数，车厢门贴封条，签收票据，上报相关数据。 2.运输途中车距保持200m以上，车速控制在60km/h，高速公路上控制在90km/h。 3.运输距离在300km以内，中途不得停车；300～500km可停车1次，500～700km可停车2次。不能停靠在服务区等人员交叉的地方。 4.必须按规划路线行驶，不得私自更改运输路线。如遇特殊情况，及时上报。

3.3.6　引种入栏

在种猪到达场区的前一天做好充分准备，保证场内所有区域采样检测合格，且准备充足的接猪物资（表3-20）。

表3-20　种猪入栏关键环节

关键节点	人数	要点
场外洗消点	1	对车辆进行清洗、消毒，尤其注意车厢、车轮和底盘等主要部位的清洗、消毒，静置10min后放行。全程司机和技术人员不下车。
中转台外洗消点	1	对车辆进行清洗、消毒，尤其注意车厢、车轮和底盘等主要部位的清洗、消毒，静置10min后放行。全程司机和技术人员不下车。
运输车卸猪	3	2人在运输车内将猪赶出，另外1人在升降台赶猪。全程人员不下车，不接触其他区域。
中转台	3	提前对中转台过道铺设U形彩条布和防滑垫，2人将猪赶至场内中转车，1人计数。全程人员不接触升降台，不进入中转车。
中转车卸猪	2	2人负责将中转车内的猪缓慢赶出，防止回头，防止应激。全程人员不下车，不接触其他区域。
场内接猪点	1	过道提前铺设U形彩条布和防滑垫，将猪缓慢赶至栋舍门口，防止回头，防止应激。全程人员不进入栋舍，不接触中转车。
舍内接猪	2	提前打开栏门，拦好过道，1人在栋舍门口负责将猪赶往栏舍，1人在栏舍门口接猪并统计数量。

3.3.7 后备种猪饲养程序

（1）后备种猪隔离 每个猪群都可能存在一个相对独立的致病性病原微生物的复合体，每当猪场引进新的种群时，都可能引进一个新的病原复合体，并在一定条件下暴发疾病。因此，猪场要对新引进的后备种猪进行隔离，降低病原随种猪入群的风险，同时也避免新引进的种猪过早接触本场病原（表3-21）。

表3-21 后备种猪隔离方案

项目	内容	
隔离场地	1.有专用隔离舍时，离本场猪群至少300m。 2.若没有专用隔离舍，建议选择猪场下风向的猪舍作为临时隔离舍，且最低要求是隔离区域与自有猪群之间至少有一道完全阻隔的实心墙。	
隔离时间	至少4周，疾病潜伏期一般在3周左右，第4周给予猪群应激恢复期。	
隔离环境	1.每头后备种猪保证1.4 ~ 1.5m²的生存空间。 2.适宜温度为18 ~ 25℃，适宜湿度为60% ~ 70%。 3.在集约化条件下所需通风量最低为16m³/h，最高为100m³/h。 4.提供新鲜清洁的饮水，鸭嘴式饮水器应保证最低流量为1.5L/min，每只饮水器最多只能供应8头猪。 5.光照强度250 ~ 300lx，时间为每天16h，不足部分可通过人工光照获得。	
饲喂方案	引种当天	不饲喂，保证充足的饮水。	减少应激，充分休息。
	第2天	0.5kg/头。	少量饲喂，使猪群适应。
	第3天	正常饲喂量的1/2。	逐步增加饲喂量。
	第4天	自由采食。	饲喂量最大化。
	4 ~ 6月龄	自由采食（后备料）。	正常生长。
	6 ~ 7月龄（第1情期）	适当限饲（后备料1.8 ~ 2.2kg）。	控制生长速度，保证充分发育。
	第1 ~ 2情期	正常饲喂量增加1/3（后备料2.5 ~ 2.8kg）。	刺激发情。
	第2情期后1周	2.0 ~ 2.5kg（后备料）。	刺激发情。
	配种前2周	3kg以上或自由采食（哺乳料）。	短期优饲，保证卵子数量与质量。

（2）后备种猪驯化 驯化是为了让新引入猪群提前接触本场特定病原和疫苗接种，使其在混群前产生抗体，避免混群后大规模暴发疾病。不同猪场后备种猪驯化方式和时间节点不同，应根据本场实际情况制订计划（表3-22）。

表3-22　后备种猪驯化方案

驯化类型	具体操作	时间节点	频率	备注
免疫驯化	常规疫苗每隔7～10d接种1次。	隔离期第2周至配种前3周完成。	每种用常规疫苗免疫2次。	双阴场不免疫猪繁殖与呼吸综合征弱毒疫苗。
消化道驯化	唾液驯化：将棉绳绑在本场40～60日龄保育仔猪的栏门上，让猪群啃咬半小时；再将棉绳绑在后备种猪的栏门上，让猪群啃咬1h。	从入栏后第6周开始。	每天2次，连续7d。	提前采样检测本场猪群，确保无异常。
呼吸道驯化	粪便驯化：将产后3d内1～2胎母猪的粪便直接倒入后备母猪群，让猪群充分接触粪便。	从入栏后第7周开始。	每天1次，连续7d。	提前采样检测本场猪群，确保无异常。
	将要淘汰的年轻母猪（1～2胎）与后备种猪关在同一栏相互接触，比例为1∶10。	从入栏后第9周开始。	连续7d。	淘汰母猪提前采样检测，确保无异常。

（3）后备种猪入群标准评估　后备种猪在入群前，必须通过实验室对各种疾病的病原和抗体进行监测，通过分析数据及时了解种猪群的疾病情况及免疫抗体水平，以此来评估猪群是否达到入群标准（表3-23）。

表3-23　入群监测

检测项目	检测方法	样本类型	入群标准
非洲猪瘟病毒	qPCR	血液、口鼻拭子	核酸阴性
猪繁殖与呼吸综合征病毒	qPCR	血液和口鼻拭子	核酸阴性
猪圆环病毒	qPCR	血液	核酸阴性
猪流行性腹泻病毒	qPCR	肛门拭子	核酸阴性
猪繁殖与呼吸综合征病毒抗体	ELISA	血清	阴性场：抗体阴性；阳性场：抗体阳性率>95%，s/p值<2.0，离散度<30%
伪狂犬病毒gE抗体	ELISA	血清	抗体阴性

（续）

检测项目	检测方法	样本类型	入群标准
伪狂犬病病毒gB抗体	ELISA	血清	抗体阳性率>90%
非洲猪瘟病毒抗体	ELISA	血清	抗体阴性
猪瘟病毒抗体	ELISA	血清	抗体阳性率100%

3.3.8　后备种猪引种流程图

见图3-5。

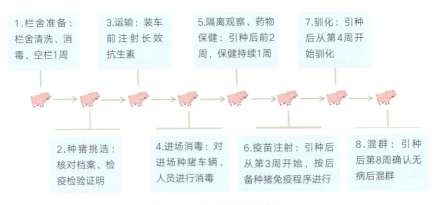

图3-5　后备种猪引种流程

3.4　料——猪的营养

饲料成本占养猪生产总成本的70%以上，要降低猪群料肉比(FCR)、提高猪场盈利水平，就必须全面深入地了解猪的营养。

3.4.1　什么是动物营养学

动物营养学是一门阐述营养物质摄入与生命活动之间关系的学科，是沟通动物生物化学和动物生理学的桥梁，是应用生物化学、生物学、生理学、生物统计学等手段，研究养分的生理作用、营养功能、养分消化吸收、饲料营养价值，以及动物营养需要的一门应用基础学科，是研究整过食物链的能量平衡原理的基础学问。

动物营养是动物一切生命活动(生存、生长、繁殖、免疫等)的基础，整个生命过程都离不开营养。

与动物营养学关系十分密切的学科见图3-6。

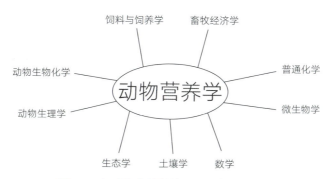

图3-6 与动物营养学关系十分密切的学科

动物营养学研究内容深、广，研究目标远、难，任务十分艰巨。完成这一任务，不但需要长期不懈的努力，更需要多学科理论和技术的融合。动物营养学至少与30门自然科学特别是与生命科学有关的学科，以及经济、政治、环境等社会学科有联系。掌握或了解这些学科的基本知识有助于全面深入理解动物营养学的内涵，推动动物营养学的发展。

3.4.2 传统意义上的动物营养学认识

猪的营养中最重要的营养成分有水分、能量、蛋白质（氨基酸）、矿物质和维生素。

（1）水分 水分是最基本也是最重要的营养物质，但因为它最常见、价格最便宜，因而也最容易被人所忽视。水是猪体中比例最大的组成部分。猪一旦缺水，就会马上降低采食量，从而影响生长性能。关于猪每个阶段的饮水需求及水质要求在本书的猪场一级管理清单中均有列出，可查阅。

（2）能量 能量是由日粮中的碳水化合物（淀粉等）和脂类（油脂等）新陈代谢时释放出来的。饲料能量含量是衡量饲料营养价值的一个重要方面。

能量是所有营养素的基础，其他营养素的代谢均离不开能量的支持。能量在动物营养代谢与生产需求中的作用见图3-7，饲料营养成分的能量含量见表3-24。饲料可消化性是引起有效能变异较大的原因；能量的高低反映了纤维素的多寡；油脂的不同反映了脂肪酸组成和双键含量的差异。

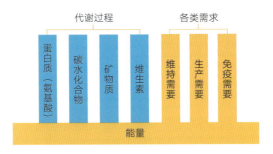

图3-7　能量在动物营养代谢与生产需求中的作用

表3-24　饲料营养成分的能量含量（kcal*/g）

蛋白质	碳水化合物	脂肪
5.6	4.2	9.4

①能量需要体系的发展历程。其发展有两个关键要素：一是庞大的数据库；二是集团化原料采购的稳定品质（图3-8）。

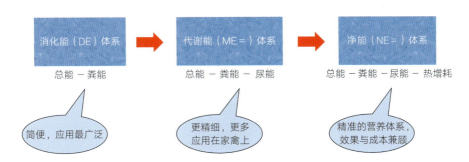

图3-8　能量需要体系的发展历程

②猪常用饲料原料能量水平的比较。见表3-25。

表3-25猪常用饲料原料能量水平的比较（kcal/kg）

饲料原料	消化能（DE）	代谢能（ME）	净能（NE）
玉米	3 490	3 380	2 270
小麦	3 390	3 160	2 520

* 非法定计量单位，1kcal≈4.184J。——编者注。

（续）

饲料原料	消化能（DE）	代谢能（ME）	净能（NE）
大麦（裸）	3 240	3 030	2 430
大麦（皮）	3 020	2 830	2 250
高粱	3 150	2 970	2 470
米糠	3 175	3 065	1 845
麦麸	2 370	2 155	1 580
大豆粕	3 530	3 255	1 805
花生粕	3 245	3 005	1 865
猪油	8 285	7 950	5 100
牛油	8 290	7 955	4 925
豆油	8 750	8 400	5 300

（3）蛋白质（氨基酸）　蛋白质含量一般指日粮中的氮含量×6.25（每100g蛋白质中平均含氮16g），即通常在饲料标签上标注的含量，代表"粗蛋白质"含量。所谓"粗"是因为饲料中不仅含有氨基酸态氮，还含有非氨基酸态氮。蛋白质是大分子化合物，不能完整地被动物肠道黏膜吸收，必须在消化酶的作用下水解成氨基酸或小肽。而不同蛋白源的蛋白质被消化酶水解的效率不同，甚至部分蛋白不能被消化水解。人们早就用日粮粗蛋白质含量来间接反映猪对氨基酸的需要量。而事实上猪需要的不是蛋白质，而是用于肌肉和机体其他蛋白质合成的氨基酸。

蛋白质主要由20种氨基酸组成，其中10种是猪的必需氨基酸，分别是赖氨酸、苏氨酸、色氨酸、蛋氨酸、异亮氨酸、缬氨酸、亮氨酸、精氨酸、组氨酸和苯丙氨酸。猪的理想蛋白质中必需氨基酸和非必需氨基酸比例应达到最佳平衡。学者们虽然已经为机体维持、新组织生长、产奶及组织代谢确定了理想氨基酸模式，但没有一个氨基酸模式适用于所有情况。

对蛋白质原料（如豆粕、鱼粉等）质量优劣的评估应首先立足于这些氨基酸含量及其利用能力，特别是赖氨酸含量。

（4）矿物质　矿物质元素在猪日粮中的比例很低，但对猪的健康作用极为重要。矿物质元素可被分为常量元素（有钙、磷、钠、氯、镁、钾等），以及微量元素（有锌、铜、铁、锰、碘、硒等）两类。微量元素的生物学利用价值非常重要，不同来源形式的矿物质其生物学价值相差很大。

（5）维生素　维生素是一系列为维持机体正常代谢活动所需的营养成分，是保证机体组织正常生长发育和维持健康所必需的营养元素，可分为脂溶性维生素（有脂溶性维生素A、脂溶性维生素D、脂溶性维生素E、脂溶性维生素K），以及水溶性维生素（有硫胺素、核黄素、烟酸、胆碱、泛酸、生物素、维生素B_6、维生素B_{12}等）。

维生素的贮存、加工及与微量元素的接触均能降低其在预混料和全价料中的活性。一般情况下，大多数维生素预混料的贮存时间不应超过3个月。而饲料加工调制工艺，以及贮存过程中的高温、高湿、霉菌毒素等都会影响维生素的品质，因此要保证饲料中维生素的品质需要从以上几个方面把关。维生素对母猪的重要作用见表3-26。

表3-26　维生素对母猪的重要作用

功效	维生素D_3	β-胡萝卜素	维生素E	维生素C	叶酸	生物素
提高受胎率	✓		✓			✓
缩短断奶至发情时间			✓			✓
减少不孕		✓			✓	✓
提高排卵率						✓
提高受精率	✓	✓	✓	✓		
减少胚胎死亡		✓				
减少胎儿死亡	✓		✓	✓	✓	✓
减少断奶前死亡、增加母猪断奶产仔数	✓		✓	✓	✓	
强壮肢蹄	✓					✓

3.4.3　营养的四级结构

首先要致敬四川农业大学陈代文教授，陈教授和他的团队创新性地提出了"营养四级结构"的概念，深入浅出地将营养的全部内涵包括营养素、营养源、营养水平和营养组合做了全面的科学阐述。在此，编者仅希望能借助科学家的理念，让更多的猪场管理人员能够从点线面全方位地了解营养的内涵。

营养素：饲粮中维持动物生命、生长、繁殖的营养成分，如能量、蛋白质、氨基酸、矿物质、维生素、水等。

营养源：能够提供各种营养成分的物质总称，如提供蛋白质的酪蛋白、大豆蛋白、玉米蛋白、鱼粉蛋白等。

促营养素：饲粮中能够促进营养成分吸收利用的一些添加物，如酶制剂、脱霉剂、酸化剂等。

（1）一级营养结构　是指营养素及其相互关系（是对传统营养的理解）。

（2）二级营养结构　是指提供营养素的营养源（能够提供各种营养成分的物质总称）及其相互关系。

（3）三级营养结构是指营养素与营养源的相互关系。例如，以脂肪作为能源时，微量元素有机源比无机源可能更好；但以碳水化合物为能源时，有机源和无机源的差异可能更小。

（4）四级营养结构是指营养素、营养源与促营养素的相互关系。例如，作为能量源的小麦与酶制剂同时添加时，小麦的有效能值就可得到提高。

营养的四级结构见图3-9。

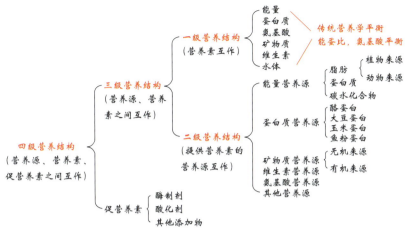

图3-9　营养的四级结构

　　科学配制营养配方并不是按照某一个营养水平标准来选择原料配制那样简单。相同营养素和营养水平的不同配方，其饲用效果差异很大。其中重要的原因就是目前的营养指南及饲料工业大多只关注营养素及其水平，也就是说仍停留在一级结构层次上，对二级以上结构知之甚少，研究也十分薄弱。陈代文教授提出的"四级营养结构"概念，在理论上有助于我们进一步认识代谢的复杂性，深入了解营养的本质和营养需要的含义，在实践上有助于改变配方思路，更好地优化营养结构，提高饲料利用效率，促进动物遗传潜力的充分发挥。

3.4.4　全面认识营养

　　猪的生长取决于每天的营养摄入量，而营养摄入量是由每天的饲料营养浓度与采食量相乘的总量决定的（图3-10）。

　　（1）猪的营养模式中两个关键点：好不好和够不够饲料产品好不好，并不是狭义地指营养素的高低多少，它与产品定位、原料选择、配方设计、生产工艺等各因素有关，任何一个因素发生变化都会影响产品质量的好坏。

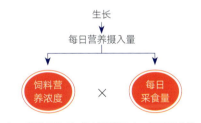

每日营养摄入量=饲料营养浓度×每日采食量

图3-10　猪的营养模式生长需要关键控制点（一）

　　组成产品好不好的每个因素又受不同因素的影响。比如，生产工艺的影响因素包括原料贮存、粉碎粒度、混合均匀度、调制温度时间等，任何一个环节出现短板都会影响饲料产品质量。正如水桶定律表述的那样，一只水桶能装盛多少水，并不取决于最长的那块木板，而是取决于最短的那块木板（图3-11）。

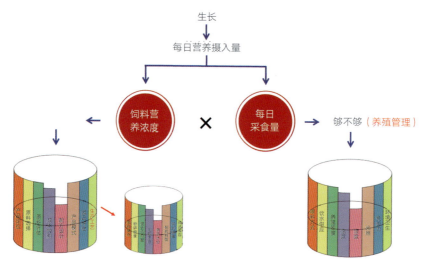

图3-11　猪的营养模式关键控制点（二）

　　猪的营养模式中另一个关键点采食量够不够与猪场的管理密切相关，它的影响因素有饮水供应、喂料方式、养殖密度，以及舍内温度、湿度、光照等。

　　（2）猪的营养模式中两个关键技术标识：采食量和料肉比猪的营养素水平都是以预计采食量为基础来进行设定的。每个饲料厂对不同饲料产品的采食量及料肉比都有自己的定位标准。猪场场长在选择饲料时除了要关心饲料的营养浓度外，还应该了解该系列饲料的采食量及料肉比标准，两者缺一不可。

　　当然，同一种饲料在不同猪场表现出来的采食量及猪的日增重、料肉比也是不同的，因为每个猪场的管理水平也各有不同。场长应该尽可能地将影响猪采食量的每个环节管理到位，使猪群采食量达到标准，发挥饲料的应有效率，综合表现就是料肉比达标。

3.4.5　场长如何关注营养

关注猪营养的根本目的就是通过选用合理的原料，科学配制饲料产品，以期最高效地发挥猪的生长潜力，为人们提供健康安全的猪肉产品。

猪的营养是一个全方位组合起来的系统工程。作为猪营养的载体——饲料产品要想完美地发挥效能，需要由营养学家制定出优质的配方，经饲料厂进行精良加工，最后被猪场科学使用才能得以实现。

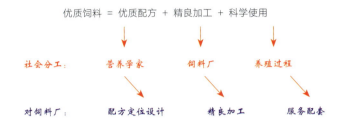

因此对场长而言，关注猪营养的核心内容归纳起来就是猪吃什么料、吃多少料和怎么吃料的问题。

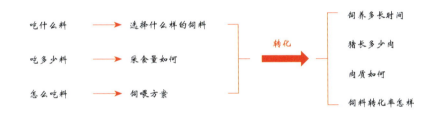

在选择猪吃什么料时，首先应该就饲料好不好的"水桶"中每个板块进行考量：饲料生产厂家有没有生产好饲料的社会责任感，以及有没有一个生产好饲料的技术研发团队和全程质量保证队伍。然后就猪品种、管理状况、猪群生产力水平等现状及期望达到的水平等确定适宜本场营养水平的系列饲料产品，并充分了解饲料营养浓度和理论上应达到的采食量、日增重、料肉比等全面技术指标。

确定好了猪吃什么料后，猪群真正吃了多少料是生产管理者每天都应予以关注的。目的是保障每日采食量达标，使猪群的实际采食量水平达到推荐的标准，发挥饲料效能及猪群的生长潜能（表3-27）。

表3-27　猪采食量检查清单

项目	指标	要求清单
饲喂系统	调整喂料器	防止下料速度太快，导致猪很容易将饲料拱出，散落到地板甚至粪坑造成浪费；下料速度太慢，猪群不够吃。
	料塔	科学存放饲料，高温季节做好降温措施，防止饲料品质降低。

（续）

项目	指标	要求清单
饲喂系统	料槽管理	料槽设计不科学，太高导致猪够不着；适当的饲喂量，保证面积的1/2有饲料，避免太满造成浪费，每天清槽1次。
	人工/自动饲喂	饲喂方式不当，如一次给料（哺乳料、小猪料最常见）太多，导致饲料发霉、酸败或被污染而弃用。料线出现故障或饲料保存不当，导致饲料掉落或霉变。
饲料阶段划分	仔猪—出栏	根据不同生长阶段提供不同营养成分的饲料，到出栏时有4～5种。
	饲料计划	各个品种的饲料做好计划及保证合理库存。
	过渡期	更换每个阶段的饲料时需过渡5～7d。
猪采食量及饮水量	采食量标准	种猪膘情管理是否得当，防止饲喂过多、体况过肥。保证不同阶段的商品猪合理饲喂量，既满足猪的食量和口感，又能保证清槽及饲料不浪费。
	饮水量	观察猪群状况、饮水器流量及每栋猪舍的耗水量。饮水投药后及时检查清洗，防止堵塞。
饲料形态	颗粒料	优点是适口性好，消化吸收率高，饲料浪费少，降低舍内粉尘，猪采食速度快；缺点是易造成猪群采食过量。
	粉料	饲料浪费大，舍内粉尘多；但易加工，饲料配方搭配灵活。
	干料	饲喂操作简便，易增加粉尘，浪费大。
	湿拌料	适口性好，能减少饲喂时的粉尘，饲料浪费少；但工作量大，易霉变。
	液体饲喂	提高采食量，易消化，饲料转化率高；但易污染，成本较高。
饲养管理	及时淘汰	及时淘汰无继续饲养价值的猪，如僵猪、有繁殖障碍的母猪。
	疾病	做好猪群的免疫保健，出现健康问题及时治疗。
	环控管理	合适的栏舍温湿度,如冬季圈舍气温过低，猪维持体温能量占比增加、猪腹泻等。
	驱虫	做好驱虫，寄生虫会夺取部分营养物质。
	适时出栏	过度压栏易导致料肉比加大，错失最佳出栏时间。

让猪怎么吃料也是一个技术含量很高的事情，应该认真对待。本书在后面的猪场一级管理清单中对各阶段猪的饲喂方案给出了具体建议，可以参考实行。

科学使用饲料能将猪的营养得以真正实现。通过评估最后花了多长时间、长了多少肉、猪肉品质如何、饲料转化率如何，可以真正评价一种饲料的营养水平、猪群健康情况及猪场的整体管理水平，也是实现降低猪场料肉比的关键环节。

3.5 舍——猪场栏舍建设

猪场栏舍建设是养猪生产的第一步，它关系到养猪的方方面面，科学合理的猪场栏舍建设能够有效降低疾病传播风险、降低料肉比、提高猪群成活率、减少人工成本投入，是影响猪场盈利的关键因素之一。猪场栏舍建设是一个跨学科综合性的工艺，它涉及机械、电子、自动化控制、建设材料和畜牧、兽医等多个学科。本部分内容仅从畜牧、兽医的角度出发，从栏舍配套设计、栏舍喂料系统、栏舍环控体系、粪污处理系统等方面的要求进行阐述。

3.5.1 栏舍配套设计

（1）设计原则　确保猪场均衡生产，使得栏舍得到最大化利用，便于猪场疾病防控，减少疾病传播。

真正优秀的栏舍设计是低碳、环保、性价比高的，不是一味追求高价的顶级栏舍设计及建筑材料等。目前国内比较前沿的栏舍设计是采用联栋或模块式的密闭式猪舍，栏舍既集中又相互独立，具有节约土地、管理方便、建筑成本低、生物安全易控制等优点（图3-12）。

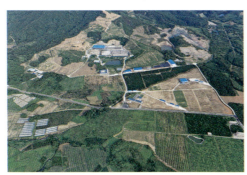

图3-12　猪场栏舍示意图

（2）确定生产规模及经营方向　生产规模包括母猪头数、年出栏商品猪数，经营方向是指商品猪场、种猪场、种苗场、公猪站等。

（3）确定栏舍建筑面积　应考虑栏舍饲养密度，见表3-28。

表3-28　栏舍饲养密度

种类	重量(kg)	饲养密度(m²/头)	
		漏缝地板	非漏缝地板
公猪		7.5	9
成年母猪		1.39	1.67
后备母猪	50～130	1.5	2.0
保育仔猪	8～30	0.4	0.6
育肥猪	30～120	0.9	1.2

（4）计算栏舍面积　应根据生产指标参数计算，见表3-29。

表3-29　猪场生产指标参数

项目	参数
后备猪利用率（%）	90
母猪淘汰更新率（商品猪场，%）	35
配种分娩率（%）	90
母猪年非生产天数（d）	≤45
窝均出生活仔猪数（头）	11.7
产房仔猪成活率（%）	95
保育仔猪成活率（%）	96
保育仔猪饲养日龄（d）	45
育肥猪饲养日龄（d）	120

（5）设计　根据栏舍配套设计的计算公式进行设计，见表3-30。

表3-30　栏舍设计计算公式

项目	公式	N头母猪7d所要面积 (单元作业面积)	备注
产床数量 (个)	$N \times 2.3 \div 365 \times (25+7^a+7^b)=X$	$2.3 \times N \div 365 \times 7$	N：母猪头数 2.3：母猪年产胎次 25：哺乳天数 7[a]：提前7d上产床 7[b]：7d清洗、消毒
定位栏数量 (个)	$N \times 2.3 \div 365 \div 0.9 \times 85=X$	重胎栏与定位栏 可适当进行调整	N：母猪头数 0.9：配种分娩率 85：母猪在定位栏天数
重胎栏数量 (个)	$N \times 2.3 \div 365 \div 0.9 \times (114-85-7)$ $=X$		N：母猪头数 7：提前7d上产房
保育栏 面积（m²）	$N \times 2.3 \div 365 \times 12 \times 0.95 \times (45+7) \times$ $0.4=X$	$2.3 \times N \div 365 \times 12 \times 0.95 \times$ 7×0.4	N：母猪头数 12：窝均产活仔数 0.95：产房仔猪成活率 45：饲养45d 7：7d清洗、消毒 0.4：密度0.4m²÷头
育肥栏 面积（m²）	$N \times 2.3 \div 365 \times 12 \times 0.95 \times 0.98 \times$ $(120+7) \times 0.9=X$	$2.3 \times N \div 365 \times 12 \times 0.95 \times$ $0.98 \times 7 \times 0.9$	N：母猪头数 12：窝均产活仔数 0.95：产房仔猪成活率 0.98：保育仔猪成活率 120：饲养120d 7：7d清洗、消毒 0.9：密度0.9m²/头

(续)

项目	公式	N头母猪7d所要面积 (单元作业面积)	备注
后备栏 面积（m²）	$N \times 0.35 \div 0.9 \div 12 \times 4 \times 2.0 = X$		N：母猪头数 0.35：母猪年更新率 0.9：后备母猪利用率 12：一年12个月 4：选留到配种4个月 2.0：密度2.0m²/头
公猪栏 面积（m²）	$N \div 50 \times 9 = X$		N：母猪头数 50：公、母猪比例1：50 9：密度9m²/头

注：以上公式都是在均衡生产的情况下才能维持，在不均衡生产的情况下面积要比这个数值要大，因影响均衡生产的情况有生产计划（配种情况）和单元栏舍大小；按商品猪出栏天数为190d计算。

（6）栏舍计算示例 表3-31是以1000头规模母猪场进行的设计举例。

表3-31 1 000头规模母猪场设计示例

项目	公式
一年总产胎次	$1\,000 \times 2.3 = 2\,300$
产床数量（个）	$1\,000 \times 2.3 \div 365 \times (25+7+7) \approx 246$
定位栏数量（个）	$1\,000 \times 2.3 \div 365 \div 0.9 \times 85 \approx 595$
重胎栏数量（个）	$1\,000 \times 2.3 \div 365 \div 0.9 \times (114-85-7) \approx 154$
保育栏面积（m²）	$1\,000 \times 2.3 \div 365 \times 12 \times 0.94 \times (45+7) \times 0.4 \approx 1\,478.5$
育肥栏面积（m²）	$1\,000 \times 2.3 \div 365 \times 12 \times 0.94 \times 0.98 \times (120+7) \times 0.9 \approx 7\,961.9$
后备栏面积（m²）	$1\,000 \times 0.35 \div 0.9 \div 12 \times 2.0 \times 4 = 259.3$
公猪栏面积（m²）	$1\,000 \div 50 \times 9 = 180$

注：定位栏可以设计一定比例的小定位栏，关一胎、二胎母猪，这样可以减少一定的建筑面积，降低固定资产投入。

3.5.2 栏舍喂料系统

随着猪场规模化程度越来越高，传统的人工喂料模式越来越不能满足规模生产的需要，而自动喂料模式结合人工智能让猪场饲喂数智化必将成为一种趋势。猪场各类饲喂模式见表3-32和图3-13。

表3-32　猪场喂料模式

类别	模式	优点	缺点
人工喂料	人工	便于个体喂料。	成本高，不利于集约化饲养和管理。
干料自动喂料系统	半自动	1.可以对猪群同时喂料，减少猪应激。 2.减少劳动量，降低成本。 3.便于集约化管理。 4.减少饲料浪费。	1.经管道输送后，饲料粉末较多。 2.料量调整需人工完成。
液态饲喂系统	全自动	1.智能化程度高，可以实现全自动精准饲喂。 2.可以提高饲料利用率，降低料肉比。 3.可以利用发酵饲料、食品加工副产品及替代原料，降低猪场成本。 4.减少空气中的粉尘数量，在一定程度上抑制通过粉尘进行传播的病原，降低猪呼吸道疾病的发病率。	前期投入成本较高。

配种限位栏

产　房

保育栏

育肥猪舍

液态饲喂系统1

液态饲喂系统2

液态饲喂系统3

液态饲喂系统4

图3-13 不同饲喂模式示例

3.5.3 栏舍环控体系

栏舍环境控制（相关图片见图3-14和图3-15）包括温度控制、通风、采光等。

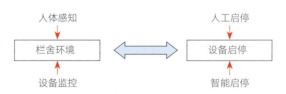

图3-14 环境控制设备的工作方式

环境调控系统

风 机

自动换气系统

氨气排放系统

防臭设施

水　帘

图3-15　各类猪场环境控制图例

（1）温度控制　包含降温和保温，详见表3-32至表3-34，图3-16。

表3-32　猪舍室内温度控制

猪舍	室内温度（℃）		
	舒适范围	高临界	低临界
配种妊娠舍	15 ～ 20	27	10
分娩舍	18 ～ 22	27	10
保育舍	20 ～ 25	30	16
隔离舍	15 ～ 23	27	13
公猪舍	15 ～ 20	25	13

表3-33　不同地区各类猪舍供热指标［W/（h·m²）］

猪舍	严寒地区（东北地区）	寒冷地区（华北地区）	寒冷地区（西北地区）	夏热冬冷地区（华中、华东、西南地区）	夏热冬暖地区（华南地区）
配种妊娠舍	30	12	8	0	0
分娩舍	43	38	35	31	11
保育舍	113	87	84	68	46
隔离舍	57	40	37	27	9
后备舍	84	47	43	24	0
公猪站	25	26	21	0	0

表3-34　供暖模式工艺设计

地区	供暖模式	燃料	供暖工艺
华南、华中	集中供气+辐射型空间加热器	石油液化气或天然气	场内配置液化气站或天然气站用于整场集中供气，靠管道将燃气输送到各个舍内，舍内通过燃烧器燃烧加热，由辐射片对各舍进行加热升温。
西北、东北	集中供热锅炉+空间水暖辐射（地暖水暖辐射）	生物质或煤	水暖锅炉集中供热（生物质），锅炉烧热水，靠管道将热水输送到各舍内，舍内通过翅片管对流散热或地暖水暖辐射散热，对舍进行加热升温；在分娩舍，增加地暖板散热系统。

注：集中供暖模式可以更有效地提高燃料的利用率，便于集中管理。

保温灯

保温箱

垫 板

热风炉

图3-16 产房和保育舍的局部保温

(2) 通风

①通风模式。通风模式一般有两种：水平通风和垂直通风，这两种通风模式的原理分别见图3-17和图3-18。

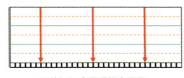
配种妊娠舍夏季横向通风

隔离舍、公猪舍、后备舍夏季纵向通风

图3-17 水平通风模式

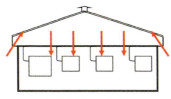
猪舍冬季垂直通风
（从屋檐口进风，新鲜空气经天花进入
舍内，污气由风机抽走）

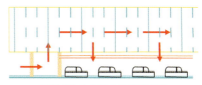
新鲜空气由天花小窗进入猪舍

图3-18 垂直通风模式

②栏舍通风量及风扇数量计算。详见表3-35和表3-36。

表3-35 栏舍风速及通风量标准

猪的类型	重量 (kg/头)	风速标准 (m/s)	冬季通风 [m³/(h·头)]	春、秋季通风 [m³/(h·头)]	夏季最小通风量 [m³/(h·头)]	水帘风速 (m/s)
妊娠母猪		1.5~2.0	24	80	510	1.8

(续)

猪的类型	重量(kg/头)	风速标准(m/s)	冬季通风[m³/(h·头)]	春、秋季通风[m³/(h·头)]	夏季最小通风量[m³/(h·头)]	水帘风速(m/s)
分娩母猪		0.5 ~ 0.75	34	136	850	1.8
公猪		1.5 ~ 2.0	34	85	510	1.8
保育仔猪	8 ~ 15	0.3 ~ 0.5	2.5 ~ 3.5	18	43	1.8
	15 ~ 30	0.4 ~ 0.7	3.5 ~ 5.0	25	60	1.8
育肥猪	30 ~ 65	1.0 ~ 1.8	13	40	130	1.8
	65 ~ 100	1.25 ~ 2.0	17	60	205	1.8

表3-36 风扇基本参数

参数	材质	功率	通风量(0)	通风量(－25Pa)
24寸（750mm×750mm）	外框玻璃钢、叶片玻璃钢	0.37	11 700	10 998
36寸（1 100mm×1 100mm）	外框玻璃钢、叶片玻璃钢	0.75	18 623	17 090
50寸（1 380mm×1 380mm）	外框玻璃钢、叶片铸铝	1.5	43 940	37 300
54寸（1 520mm×1 520mm）	外框玻璃钢、叶片铸铝	1.5	54 000	49 000

通风量的计算示例：

公式：进风口面积 = 风量(m³/h) ÷ 3 600(s/h) ÷ 速度(m/s) = 面积(m²)

夏季通风量 = 猪群种类的夏季最小通风量 × 猪的数量

水帘面积 = 风量 ÷ 风速（风量要以实际配置的风扇为准）

冬季通风量 = 猪群种类的冬季最小通风量 × 猪的数量

➤600头保育舍夏季通风量 = 60（m³/h）× 600（头）= 36 000（m³/h）

➤可选用1台36寸风机＋2台24寸风机，其通风量 = 1（台）× 17 090（m³/h）＋2（台）× 10 998（m³/h）= 39 086（m³/h）

➤600头保育舍水帘面积 = 39 086（m³/h）÷ 3 600（s/h）÷ 1.8（m/s）≈ 6（m²）

➤600头保育舍冬季通风量 = 5（m³/h）× 600（头）= 3 000（m³/h）

➤冬季风机运行频率计算：24寸风机标准风量10 998m³/h，开启2台24寸风机，每小时通风时间 = 3 000（m³/h）÷ 10 998（m³/h）÷ 2（台）× 3 600（s/h）≈ 491s，每10min运行一次，每次运行时间 = 491（s）÷ 6（次/h）≈ 82（s）

注：数据参考表3-35和表3-36。

（3）采光　光源有2种，即自然光照和人工光照。自然光照指太阳直射光和散射光，其中可见光有50%左右，还有大量的红外线，但紫外线较少。光线主要从窗户进入舍内，利用自然光照的关键是合理设计窗户位置、形状、数量和面积，以保证猪舍的光照标准，尽量使舍内光照均匀。生产中通常采用采光系数（窗户有效采光面积与猪舍地面面积之比）来设计猪舍窗户，种猪舍的采光系数要求是1：（10~12），育肥猪舍的为1：（12~15）。猪舍窗户数量、形状和分布应根据当地气候条件、猪舍结构特点，综合考虑防寒、防暑、通风等因素（图3-19）。

人工光照指的是用人工光源（白炽灯、荧光灯和LED灯）。白炽灯光谱中红外线占较大比例，可见光较少，几乎没有紫外线；荧光灯则与自然光相近，但其功率较高。采用人工光照时灯距离地面2m，间隔3m均匀布置。猪舍跨度大时用两排灯泡交错排列，使舍内光照均匀，栏舍光照标准见表3-37。

100%□自然采光（白天）猪舍

顶棚透明玻璃瓦

图3-19　猪场自然采光图例

表3-37　栏舍光照标准

生理阶段	光照时间（h）	光照强度（lx）
空怀妊娠母猪	14~16	250~300
哺乳母猪	14~16	250~300
种公猪	14~16	200~250（215）
哺乳仔猪	18~20	50~100
保育仔猪	16~18	110
育肥猪	10~12	50~80

　　人的可见波长范围为380～694nm，猪的可见波长范围为439～556nm，猪对450nm左右的波长最敏感，同时感知这个波长的光最亮。不同光源会影响猪接收到环境中光的亮度。当光强度一样时，猪接受荧光灯的亮度是白炽灯的2倍，荧光灯更接近自然光照（图3-20）。

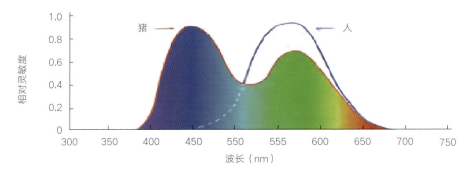

图3-20　猪与人类光谱敏感度比较

3.5.4　粪污处理系统

　　在现代化猪场建设中，环保工作非常重要，既要考虑先进的生产工艺，又要按照环保要求，建立粪污处理设施。已有越来越多的专业化设备企业介入畜禽排污与病死猪处理环节，他们有方案，有技术，也有产品。养猪企业需要做的，是选择其中性价比最高的公司和产品，坚持综合利用优先，实现粪污的减量化、资源化、无害化处理及运营费用的低廉化。

　　在此我们仅对猪场粪污处理系统作一个简单的介绍。

　　（1）粪污处理方式分类　见表3-38。

表3-38　粪污处理方式分类

类别	处理港式						
	舍内			舍外			
方式	干清粪	水泡粪	刮粪	堆肥发酵	三级沉淀	粪污固液分离	沼气池发酵

　　（2）猪场污水处理模式总体来说，规模化猪场污水处理模式可分为三种：厌氧-还田模式、厌氧-自然处理模式、厌氧-好氧处理模式（工业化处理模式）。

　　（3）污水处理模式优缺点　见表3-39。

表3-39　各类污水处理模式比较

模式	优点	缺点	适用猪场
厌氧-还田模式	污染物零排放，最大限度地实现资源化。	消纳沼液的土地面积大，有地下水和大气污染问题，适应性不强。	年出栏2万头以下的猪场。
厌氧-自然处理模式	运行管理简单，能耗低，可持续运行。	占地较多，效果受季节影响。	年出栏5万头以下的猪场。
厌氧-好氧处理模式（工业化处理模式）	占地少，适应性广，效果好。	投资大，能耗高，运转费用昂贵，管理复杂。	年出栏5万头以上的猪场。

　　规模化猪场污水处理模式，需根据猪场所处地理位置、规模、效益等因素进行综合考虑，采用最适宜的处理（组合）方案。

3.6　防——猪场生物安全

　　随着规模化养猪生产的发展，猪群健康问题面临严重的挑战。猪场每年因疫病死亡造成的经济损失非常大，养猪成本也不断增加，经营无利或亏本，甚至企业倒闭。

　　养重于防，防重于治这个理念非常适用于畜禽养殖业。过去猪场管理者花80%以上的精力关注猪病，而不是系统关注养猪的投入品及养猪环境的生物安全问题，这就导致为什么很多猪场天天在研究猪病，但猪病还是天天在发生的怪象频繁出现。因此，构建猪群的健康管理体系是养猪的关键，是预防控制疾病、获得永续经营管理的基础，同时也是养猪业健康、高效发展的思路与方向！

　　为了保障猪群健康，为社会提供安全健康的放心猪肉，就要保障生猪养殖中所有投入品（饲料、饮水、兽药、疫苗等）的安全，并且只有全程严格执行猪场生物安全体系才能得以实现。

　　那么，猪场的生物安全是指什么呢？

　　猪场生物安全是指预防传染病传入猪场并防止其传播，保护猪群健康，以获得最佳生产性能而采取的一切技术措施。

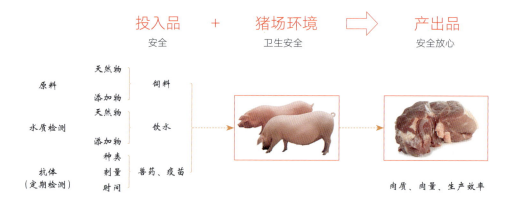

生物安全体系对猪场来说其实是一个环境问题，涉及养猪的全过程，猪场的大环境、小环境和微环境都是生物安全体系的涉及范围。正因为生物安全体系涉及的范围广泛，并且针对的对象又是看不见摸不着的病原微生物，是最容易麻痹大意的一个环节，所以生物安全的执行程度非常重要。执行到位，可以有效防止病原微生物进入猪场，也可以有效控制场内病原微生物传播，极大降低各类疾病发生的概率；执行不到位，场内外的各类病原微生物就会在猪场肆意繁殖、传播疾病，猪群发病的风险就会很高。

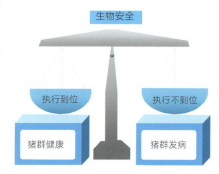

生物安全与猪群健康的天平

疾病的传播有三个必须条件：传染源、传播途径、易感宿主，所以阻止疾病传播的生物安全有三个原则：保护猪群、消灭传染源和切断传播途径。这三个环节环环相扣，缺一不可。

阻止疾病传播的生物安全的三道关

3.6.1 新建猪场生物安全体系建设

对于新建猪场，如果从栏舍设计开始就考虑到生物安全体系，那么生物安全执行起来就会简单很多。猪场如果能提供舒适顺畅的配套生物安全设施，并制定合理的管理流程，员工是很乐意接受和遵守的。

（1）场址选择　要求与村道相隔1 000m、与国道相隔1 500m、与村庄相隔1 500m、与江河相隔2 000m、与猪场相隔3 000m；要求地下水位充足，地势平坦，适宜当地主风向，最好有山坡、树林、湖泊等天然屏障隔离；要求水质参数：浑浊度≤5NTU、硝酸盐≤20mg/L、汞≤0.001mg/L、细菌总数≤100个/mL（图3-21）。

图3-21　猪场位置图例

（2）科学的生产工艺流程设计

①猪场分区。最好分四个区，即生活区、生产区、生产辅助区和外来车辆消毒区。有条件的猪场还可以在猪场1km以外设置冲洗、消毒房或外来车辆和本场车辆对接区域。

②一点式或两点式、三点式猪场。一点式猪场是指母猪区、保育育肥区都在同一个场区内，各区距离小于500m。两点式猪场可分为母猪区、保育育肥区或母猪保育区与生长育肥区，各区之间的距离相距500m以上。三点式猪场分为母猪区、保育区、生长育肥区，其间相距500m以上。两点式及三点式猪场各场区间的人员管理及流程都相对独立，栏舍大小规格要根据生产工艺流程要求设计全进全出饲养模式（图3-22和表3-40）。

图3-22　单点式和两点式猪场图例

表3-40　单点式、两点式、三点式和多点式猪场生产的优缺点比较

模式	单点式	两点式	三点式	多点式
土地总面积	最小	较大	大	很大
硬件投资成本	最小	较大	大	很大
生产技术要求	全面	较单一	单一	单一
粪污消纳难易程度	很难	难	容易	容易
疾病消除	很难	容易	容易	容易
疾病稳定	很难	容易	容易	容易
物流成本	很低	低	较高	高
运输感染风险	很高	低	很低	很低
国内典型用户	95%以上规模猪场	广东温氏食品集团	很少	基本没有

③根据规模设计生产线。生产线的设计是对母猪区而言的，母猪区、保育区、育肥区分三点或两点饲养，但是母猪群分多条生产线生产。一般来说，规模场中每1 000头母猪一条生产线，但根据生产工艺流程不同，2000头母猪一条生产线也可。例如，4周一节律的大批次生产中，2000头母猪一条生产线也会流转得很顺畅。另外，在母猪区设计中最好有单独的后备母猪培育生产线，因为后备母猪抗病能力差，淘汰率高，很多猪场都是由后备母猪混入生产群后发病（表3-40和图3-23）。

④猪场周围建围墙和排疫沟。猪场周围最好有水系相隔，便于疫病控制。围墙最好用砖砌成，高2.5m，离猪舍至少20m。

图3-23 不同胎次饲养示意图

（3）生物安全设备设施建设 自2018年之后，非洲猪瘟对我国生猪产业带来了前所未有的冲击，做好生物安全、防止非洲猪瘟疫病传入成为猪场生产重中之重的工作！为了降低非洲猪瘟传入风险，按照"不靠近、不接触、不交叉"原则，确保猪场的绝对安全，规模化猪场生物安全体系整体出现外移和前置，分成场外部生物安全（防止外源性疫病传入场区）和场内部生物安全（防止疫病在场区内循环交叉）。场外部生物安全的实施作用是降低病原微生物传入猪场的风险，通过对脏净区的划分、车辆人员物资等的消毒处理，降低病原载量，从而减少交叉污染（图3-24）。生物安全设施设计可遵循以下原则（可对照一级管理清单Ⅵ-7.6生物安全设施）。

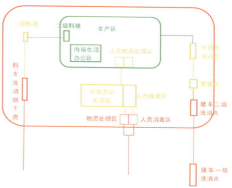

中转猪车洗消烘干点

料车洗消烘干点及一级料塔

图3-24 某猪场外部生物安全设施建设实例

①全场划分3个大区，即生产区、外场、场外。根据生物安全等级，生产区属于净区，外场属于缓冲区，场外属于脏区。人员、车辆、物资进场顺序为场外（脏区）—外场（缓冲区）—生产区（净区），不可跨区进入。

②生产区需建实体围墙，阻挡鼠、猫、犬等动物；外场需围铁丝网，阻挡无关人员及野生动物靠近。

③在有条件的情况下，饲料车、外来运猪车分两条道路进场，分别进行清洗、消毒、烘干，避免交叉污染。

④外来运猪车需经两次清洗、消毒、烘干才能进入售猪台装猪。一级洗消点距猪场的直线距离为1km，二级洗消点距生产区的直线距离为300~500m。洗消烘干点全场需有4个：饲料车洗消烘干1个、外来猪车2个、内部中转猪车1个。

⑤人员物资进场顺序：外场消毒—外场隔离或静置—内场消毒—内场隔离或静置—进入生产区。人员物资消毒设施需2套，即外场和内场各1套。

⑥外场要有足够的物资贮存仓库，进场物资进场前静置1周可以有效降低病原载量。

⑦设置两级料塔，避免饲料车靠近生产区，降低由饲料车带入的风险。

3.6.2　已运营猪场生物安全体系建设

（1）猪场生物安全设施改造　针对当前已运营的猪场，由于之前对生物安全的重视程度不够，故会存在诸多生物安全的漏洞，特别是对生物安全设备设施缺失、不完善及流程制度不合理等，需要进行改造升级，并根据生物安全级别相应的要求，将猪场外部生物安全划分成红区、黄区、绿区、环保和无害化等区域，根据区域特点添置或改造相应设备设施，针对进/出猪流程、人员/物资进场流程、车辆进场流程等完善相应洗消制度（图3-25）。

进入猪场生产区换衣间——洗澡换衣间改造

猪场大门的密封改造

砍掉树木，驱赶鸟群

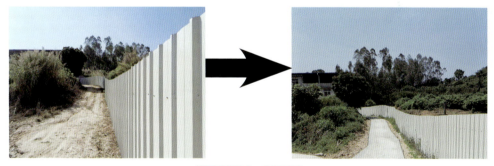

场区道路硬化，利于消毒

门窗装纱窗，防虫防鸟

生长育肥猪栏门密封，防止外物进入

智能化监控系统

猪场设置连廊，员工在封闭空间操作

图3-25　猪场部分生物安全改造图例

（2）生物安全流程优化　对正在运行的猪场，从生物安全流程上主要通过隔离、消毒、防疫、检测四大技术措施来确保猪场生物安全。

建立净区和污区的概念：净区和污区是相对的概念，不同的区域其含义不同，相对于整个猪场区域，猪场以外是污区，以内是净区；而在猪场内部区域，生活区是污区，生产区是净区；相对于生产区，凡是猪群活动的区域（赶猪道、圈舍）是净区，其他区域是污区。从污区进入净区一定要经过消毒或隔离。

1）隔离环节

①外来种猪隔离。隔离舍内外部示意图见图3-26。

有专门的隔离舍 ➡ 抽血检测抗体水平 ➡ 普免各类疫苗 ➡ 正常配种与饲养

隔离舍   隔离舍内部构造

图3-26 隔离舍内外部示意图

②场外人员隔离。场外人员进场需经过消毒、淋浴、更衣，在外部隔离区隔离48h后才能进入猪场（图3-27）。

淋 浴   更 衣   在外部隔离舍隔离48h

图3-27 场外人员隔离示意图

2）消毒环节

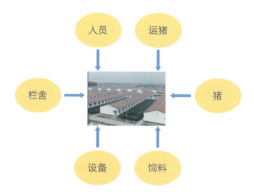

①人员消毒。场外人员进入生活区及由生活区进入猪生产区流程分别见图3-28和图3-29。

图3-28 场外人员进入生活区流程

淋浴后换工作服　➡️　进入消毒通道　➡️　脚踩消毒池

图3-29　场外人员由生活区进入猪生产区流程

②车辆消毒。例如，对饲料运输车和猪群转移车进行消毒时，要求消毒池深20cm，长至少为轮胎周长的2倍，且每周更换2次消毒药水、3%的氢氧化钠溶液，另外还要对车辆进行清洗、烘干（图3-30）。

车辆消毒通道　　　　　　　　　　　　猪转移车辆消毒

图3-30　车辆清洗、烘干、消毒流程

③生产区消毒。包括空栏消毒（图3-31）、带猪消毒（图3-32）、栏舍周边及道路消毒（图3-33）、器械消毒（图3-34），空栏清洗、消毒流程详见一级管理清单Ⅵ-7.4的空栏清洗、消毒。

空栏清洗：清空栏内一切杂物，漏粪板也要翻开清洗　　　　进猪前栏舍：栏舍清洗干净后用石灰刷白

图3-31　空栏消毒

图3-32　带猪消毒

舍外道路泼洒石灰水消毒　　　　栏舍之间清除杂草　　　　两舍之间泼洒石灰水消毒

图3-33　栏舍周边及道路消毒

接产、医疗器械消毒　　　　煮沸消毒

图3-34　器械消毒

④饮水系统消毒。饮水系统是病毒（尤其是PPRSV、PCV2等）再次感染的重要来源。特别是结肠小袋纤毛虫能隐藏在管道的水垢中，导致仔猪食欲不振等。建议对水的处理是原位保持4~6h后再冲洗，并确保水槽或水嘴的残留物都能被清除，消毒类别或需消毒的物品及部位、消毒药清单见表3-41。

表3-41 消毒类别或需消毒的物品及部位、消毒药清单

消毒类别或需消毒的物品及部位	消毒药清单
病毒	过氧乙酸、过氧化物类或碘伏或戊二醛。
脚踩消毒盆	碘类消毒剂，如果不能频繁更换，则用过氧乙酸。
熏蒸	过氧乙酸（带猪熏蒸）、高锰酸钾＋甲醛＋水（空栏熏蒸） 注意事项：按说明比例且保证操作人身安全。
手部	季铵盐和肥皂。
混凝土表面	酚类。对于非常粗糙、破损的物体表面，使用油基苯酚。
装猪台	过氧乙酸或过氧化物类消毒剂。
运输、收集工具	过氧乙酸（腐蚀性小）。

⑤消灭其他生物。主要包括防鸟、防猫、防鼠、防蚊等（图3-35）。

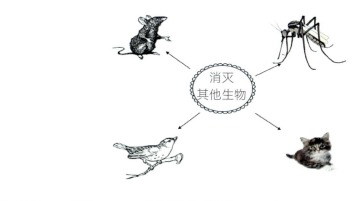

防鼠措施

防蚊蝇措施 防鸟措施

图3-35 防各类生物措施

3）防疫环节

①制定猪场防疫制度。始终秉着"养重于防，防重于治"的方针，制定严格的猪场防疫制度并监督执行到位。

②实施合理的免疫程序。根据实际抗体效价，结合本场流行病特点，制定合理的免疫程序。

敏感性：猪机体对病原的抵抗程度（自身抵抗＋免疫抵抗）
剂　量：病毒的多少
毒　力：病毒毒力的强弱

③保证免疫操作规范。

A.合理贮存疫苗。疫苗要摆放整齐，及时清理过期疫苗，弱毒冻干疫苗于－18℃保存，灭活油剂疫苗于2～8℃冷藏（表3-42）。

表3-42 疫苗贮存清单

疫苗贮存	每天检查2次冰箱温度是否正常工作。	冰箱放置温度计
	检查疫苗的保质期，做好进出仓记录和批号记录，先进先用。	
	妥善保存疫苗使用说明，保证标签清晰，以备查询。	
	切忌将冰箱塞得过满，影响空气循环。	
	严格按照疫苗使用说明放置疫苗和稀释剂。	
	避免放置疫苗的冰箱放置其他杂物，否则易造成交叉污染。	

B.提高免疫效果及降低猪群应激措施（表3-43）。可详见一级管理清单Ⅵ-7.2生长育肥猪免疫操作。

★免疫前3～5d加入抗应激和提高免疫的添加剂（或药物）如维生素C、电解多维等。

★佐剂从冷藏室取出后自然回温到室温，并充分摇匀后使用。

★严禁在母猪安静（如休息或哺乳）时注射。

★排空注射疫苗针筒里的空气。

★选择天气凉爽时注射，避开恶劣天气，但遇紧急情况时除外。

★事先做好应对过敏反应的措施（如准备肾上腺素）。

C.保证肌内注射部位正确（图3-36）。

表3-43 疫苗使用清单

疫苗的使用	严格按照规定稀释、保存、使用疫苗。	注意稀释剂、稀释倍数、使用剂量。
	保证疫苗注射剂量、注射部位准确。	肌内注射部位：耳后5～7.5cm，靠近耳根的最高点松软皱褶和绷紧的交界处。 太靠前，会增加猪的疼痛感；太靠后，则疫苗的吸收效果差。
	注射器用前要严格消毒，做到一针一用。	健康时可一栏一针。
	注意针头的选择（长度、规格）。	10kg以下：12～18mm。 10~30kg：18～25mm。 30~100kg：18～25mm。 100kg以上：38～44mm。

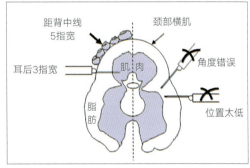

图3-36 肌内注射操作规范示意图

D.用完的疫苗瓶进行统一回收及焚烧销毁（图3-37）。

统一回收

焚烧销毁

图3-37　疫苗瓶的统一回收及焚烧销毁

④做好无害化处理。无害化处理方案见图3-38。其中，堆肥发酵法的使用条件是：根据猪场规模大小设计相应的单间，用湿度为40%的锯末和3%的发酵剂，沿尸体上下填埋20cm厚，封存6个月。

尸池无病原死亡猪用腐尸池，大约40m³的容量

焚烧
一般因患有传染病而死亡的猪必须采用焚化炉焚化

无害化处理牲畜尸体点

图3-38　无害化处理方案

4）监测环节　主要指建立全场全面的生物安全监测系统。

①抗体水平与消毒效果监测。

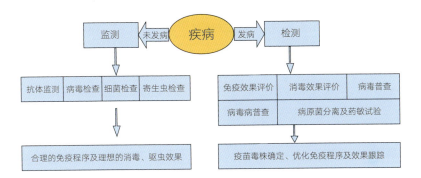

②抗体水平监测的意义。

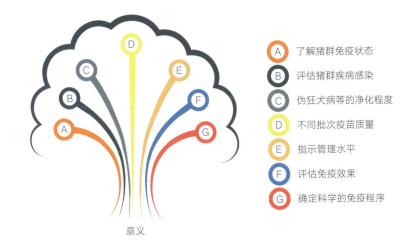

③省内、猪场周边流行病监测。对相关疫情进行监测，最早时间采取应对措施（图3-39）。

图3-39　重点流行疫病监测

④猪群健康与营养监测。定期监测猪群健康水平和饲料的各种营养指标（也包括水质检测）。

⑤猪发病与死亡原因监测。通过临床症状及对病死猪进行解剖，记录发病时间、持续时间、病死猪表现出的各种症状及发病数和死亡数比例，以便为选择性地进行预防提供资料。

⑥建立各种监测及跟踪表格。猪场还可以根据自身特点，对整个猪场建立一个大的生物安全体系，对每个操作单元建立更为详细的生物安全管理清单。

3.6.3 人员生物安全意识提升

（1）猪场组织架构调整　当前猪场组织架构见图3-40，相关示例见表3-44。

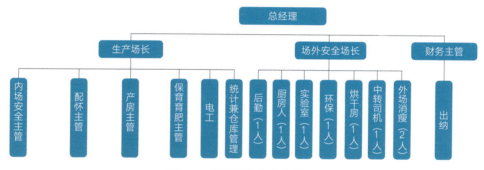

图3-40　当前猪场组织架构

表3-44　2 500头母猪自繁自养场增加人员及费用

猪场规模（头）	2 500
年出栏数量（头）	60 000
非洲猪瘟发生前猪场人员（人）	55
非洲猪瘟发生后猪场人员（人）	78
每头平均增加费用（元）	33

（2）生物安全流程制作分别见图3-41和图3-42。

人员入场流程三级清单——猪场门卫室操作SOP

  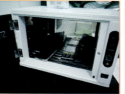 

1.场外更换场内用浅筒雨鞋，进入室内氢氧化钠溶液池。

2.臭氧消毒3min，指甲修剪，手浸泡消毒1min。

3.手机、钱包等随身物品用消毒水擦拭后，用臭氧-紫外线杀菌10min。

4.人员进入消毒水盆中浸泡30min，要求全身浸湿。

5.换鞋，进入洗浴间洗澡，衣服收纳筐浸泡消毒液中清洗。

6.更换场内衣服，再次消毒手。

7.入场登记后进入猪场办公区进行隔离。

8.门卫负责监督入场过程，并负责衣物清洗。

物品入场流程三级清单——门卫室操作SOP

1.场内戴手套接入外部中转站物品，场外人员拆掉外包装。

2.对能浸泡的物品如袋装粉剂等都要浸泡。

3.对不能浸泡的物品则用浸泡过消毒水的毛巾进行擦拭。

4.物品处理好后再放入门卫物品消毒室货架上消毒3d。

5.每次接收物品入场后，对门卫室地面用消毒水拖地。

6.门卫将已消毒物品放入猪场药房并定时消毒。

图3-41　图文流程SOP的制作（一）

人员入场操作流程

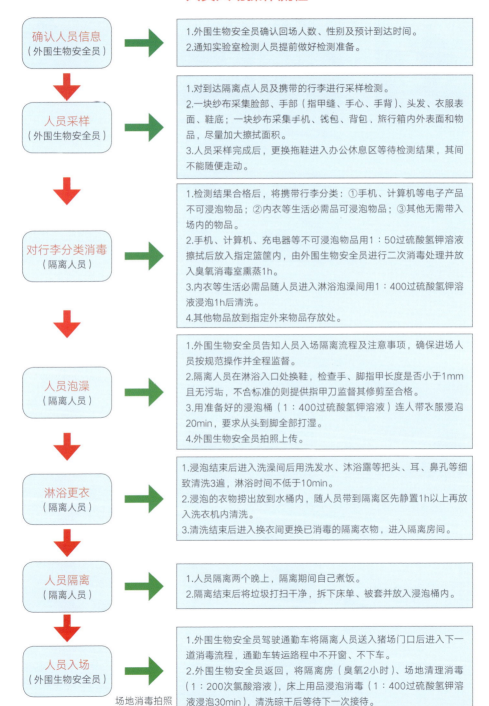

确认人员信息
（外围生物安全员）

→
1.外围生物安全员确认回场人数、性别及预计到达时间。
2.通知实验室检测人员提前做好检测准备。

人员采样
（外围生物安全员）

→
1.对到达隔离点人员及携带的行李进行采样检测。
2.一块纱布采集脸部、手部（指甲缝、手心、手背）、头发、衣服表面、鞋底；一块纱布采集手机、钱包、背包，旅行箱内外表面和物品，尽量加大擦拭面积。
3.人员采样完成后，更换拖鞋进入办公休息区等待检测结果，其间不能随便走动。

对行李分类消毒
（隔离人员）

→
1.检测结果合格后，将携带行李分类：①手机、计算机等电子产品不可浸泡物品；②内衣等生活必需品可浸泡物品；③其他无需带入场内的物品。
2.手机、计算机、充电器等不可浸泡物品用1∶50过硫酸氢钾溶液擦拭后放入指定篮筐内，由外围生物安全员进行二次消毒处理并放入臭氧消毒室熏蒸1h。
3.内衣等生活必需品随人员进入淋浴泡澡间用1∶400过硫酸氢钾溶液浸泡1h后清洗。
4.其他物品放到指定外来物品存放处。

人员泡澡
（隔离人员）

→
1.外围生物安全员告知人员入场隔离流程及注意事项，确保进场人员按规范操作并全程监督。
2.隔离人员在淋浴入口处换鞋，检查手、脚指甲长度是否小于1mm且无污垢，不合标准的则提供指甲刀监督其修剪至合格。
3.用准备好的浸泡桶（1∶400过硫酸氢钾溶液）连人带衣服浸泡20min，要求从头到脚全部打湿。
4.外围生物安全员拍照上传。

淋浴更衣
（隔离人员）

→
1.浸泡结束后进入洗澡间后用洗发水、沐浴露等把头、耳、鼻孔等细致清洗3遍，淋浴时间不低于10min。
2.浸泡的衣物捞出放到水桶内，随人员带到隔离区先静置1h以上再放入洗衣机内清洗。
3.清洗结束后进入换衣间更换已消毒的隔离衣物，进入隔离房间。

人员隔离
（隔离人员）

→
1.人员隔离两个晚上，隔离期间自己煮饭。
2.隔离结束后将垃圾打扫干净，拆下床单、被套并放入浸泡桶内。

人员入场
（外围生物安全员）
场地消毒拍照

→
1.外围生物安全员驾驶通勤车将隔离人员送入猪场门口后进入下一道消毒流程，通勤车转运路程中不开窗、不下车。
2.外围生物安全员返回，将隔离房（臭氧2小时）、场地清理消毒（1∶200次氯酸溶液）、床上用品浸泡消毒（1∶400过硫酸氢钾溶液浸泡30min），清洗晾干后等待下一次接待。

物资配送操作流程

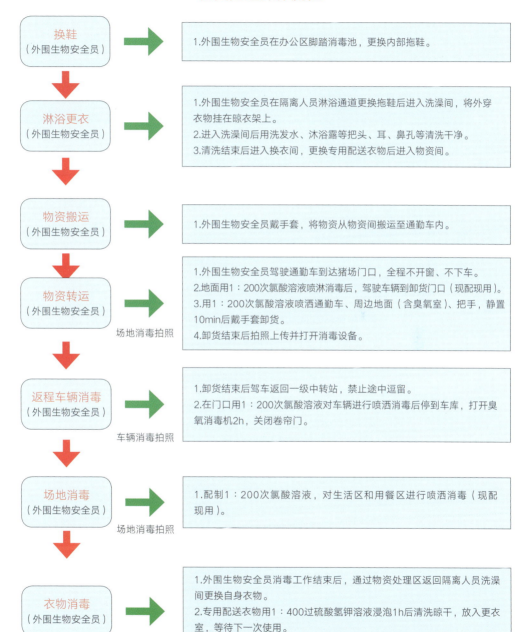

换鞋 （外围生物安全员）	1.外围生物安全员在办公区脚踏消毒池，更换内部拖鞋。
淋浴更衣 （外围生物安全员）	1.外围生物安全员在隔离人员淋浴通道更换拖鞋后进入洗澡间，将外穿衣物挂在晾衣架上。 2.进入洗澡间后用洗发水、沐浴露等把头、耳、鼻孔等清洗干净。 3.清洗结束后进入换衣间，更换专用配送衣物后进入物资间。
物资搬运 （外围生物安全员）	1.外围生物安全员戴手套，将物资从物资间搬运至通勤车内。
物资转运 （外围生物安全员） 场地消毒拍照	1.外围生物安全员驾驶通勤车到达猪场门口，全程不开窗、不下车。 2.地面用1：200次氯酸溶液喷淋消毒后，驾驶车辆到卸货门口（现配现用）。 3.用1：200次氯酸溶液喷洒通勤车、周边地面（含臭氧室）、把手，静置10min后戴手套卸货。 4.卸货结束后拍照上传并打开消毒设备。
返程车辆消毒 （外围生物安全员） 车辆消毒拍照	1.卸货结束后驾车返回一级中转站，禁止途中逗留。 2.在门口用1：200次氯酸溶液对车辆进行喷洒消毒后停到车库，打开臭氧消毒机2h，关闭卷帘门。
场地消毒 （外围生物安全员） 场地消毒拍照	1.配制1：200次氯酸溶液，对生活区和用餐区进行喷洒消毒（现配现用）。
衣物消毒 （外围生物安全员） 消毒衣物、拍照	1.外围生物安全员消毒工作结束后，通过物资处理区返回隔离人员洗澡间更换自身衣物。 2.专用配送衣物用1：400过硫酸氢钾溶液浸泡1h后清洗晾干，放入更衣室，等待下一次使用。 3.将拖鞋放入1：400过硫酸氢钾溶液浸泡1h后放回原处。

图3-42　图文流程SOP的制作（二）

（3）生物安全审计　定期开展生物安全审计是检查生物安全设备设施是否正常运行，以及强化员工生物安全意识重要的途径（表3-45），猪场应高度重视。

表3-45　猪场生物安全审计表（部分）

项目	类别	控制点	分数	单项（分）	操作要求	实际检查情况	得分	改进措施
生物安全组织架构	专职队伍	设立生物安全专职队伍		2	有生物安全专职队伍，至少含有1名兽医专业人员	○有○无		
				2	责任具体落实到每个人	○有○无		
	管理文件	各种管理文件逐步完善	14	2	管理文件是否全面	○是○否		
				2	各种文件具有可操作性并张贴	○是○否		
	生物安全体系评估	生物安全专员		2	设置生物安全评估专员督查（场内外各1人）	○有○无		
		定期督查		2	生物安全评估专员定期督查	○有○无		
		实验室检查		2	实验室检测评估	○有○无		
场外生物安全	场区大门	场区大门	8	2	依据上述风险，场内设置红橙黄绿各级生物安全警示标识	○有○无		
				2	始终处于关闭状态	○有○无		
		监控器		2	装有监控设备	○有○无		
		警示牌		2	装有明显的警示牌	○有○无		
	出猪台管理	出猪台管理	12	2	装有监控设备	○有○无		
				2	装有明显的警示牌	○有○无		
				2	猪单向流动	○是○否		
				2	装猪台污水不能回流	○是○否		
				2	配备相应的清洗设施	○合格○不合格		
				2	健康猪出猪台不能与其他淘汰病死猪共用	○是○否		
		出猪台人员	4	2	本场有专人负责、单向流动	○良好○一般○差		
				2	禁止司机下车，或下车必须穿戴一次性防护服	○良好○一般○差		

(续)

项目	类别	控制点	分数	单项（分）	操作要求	实际检查情况	得分	改进措施
场外生物安全	外部车辆管理	外部运输车	8	2	外部运输车经过分级清洗	○是○否		
				4	消毒点建有洗消或洗消烘干中心	○洗消烘干○仅有洗消○无		
				2	外部运输车按照规定路线行驶	○是○否		

（4）生物安全培训＋制度宣贯会议 定期开展生物安全培训会议及制度的宣贯工作对组织安全生产、提高员工的生物安全意识、了解设施设备是否运行正常等都起到关键性的作用，能帮助猪场及时查漏补缺，排除安全隐患（图3-43）。

图3-43 生物安全培训图例

3.6.4 猪场实验室体系建设

（1）实验室建设标准

①实验室建设原则。如何规划设计一个合格的实验室，是每个规模化猪场遇到的问题。设计一个合格的实验室应遵循的原则是各区独立、注意风向、因地制宜、便于工作。

② 实验室建设要求。详见表3-46和图3-44。

表3-46 实验室建设要求清单

1.选址要求	实验室处于一个相对独立或者封闭的区域,应建立在猪场或饲料生产区2km以外,避免污染场内;有上下水,电力稳定,附近无居民区;消防措施过关。
2.布局要求	原则上应尽量将相对危害程度高且容易扩散的病原微生物检测实验室设置在实验室末端,并将功能相近的实验室相对集中,相邻布局。
3.功能区域要求	实验室建筑面积不低于100m²,应当分别设置接样区(样品处理区)、样品保存室、血清学检测室、病原学检测室、洗涤消毒室等。
4.仪器设备要求	有荧光定量PCR仪、酶标仪、自动洗板机、微量振荡器、生物安全柜、高速离心机、普通离心机、恒温培养箱、纯水仪、冰箱、冰柜、恒温水浴锅、移液器、紫外灯等。
5.安全要求	毒性强、感染性高的专业实验室应与办公区隔离,为独立或相对独立区域,病原微生物实验室等尽量设在人员流动少的区域。
6.流向要求	有安全低毒实验室向高毒高感染性实验室过渡,高毒高感染性实验室应远离人员活动频繁区域,设在建筑末端。人流、物流通道尽量分开,即人员进出通道和物品通道分开、洁净物品和污染物品分开。
7.病原学检测要求	PCR实验室原则上分为4个单独的工作区域,即试剂制备区—样品制备区—扩增区—扩增产物分析区,不得逆向流动。 实验室的气流也应从扩增前区流动到扩增后区,不得逆向流动;不同功能的核酸检验工作区应是分隔独立的工作室,并有明显的标志,各区间不能直接相通。各区之间如果是紧密相连,则需安装物品传递窗。 每个工作区域的顶部应安装紫外灯,紫外灯的波长为254nm。
8.其他	有通风系统,实验室内部净高2.7~2.8m。

样本传递

样本处理

试剂贮存

体系配置

抗体监测

图3-44 实验室区域划分流程

（2）实验室生物安全操作规范 见表3-47。

表3-47 实验室生物安全操作规范

试验前的准备	根据待检样品检查相应设备，提前一天准备试剂和耗材。
	缓冲间要准备专用工作服，实验室要准备一次性口罩、无菌手套、带有滤芯的专用吸头、含有20%的84消毒液的废液杯和废液桶、卫生纸等。禁止不同区间的工作服、一次性口罩、无菌手套及试验耗材混用。
	试验前30min，实验室的墙面、地面用浸泡了10%的84消毒液的抹布或拖布擦拭清洁，实验室台面用75%酒精擦拭清洁。
	试验前30min，开启超净工作台、生物安全柜紫外灯照射。
试验过程	操作前佩戴一次性口罩、手套，穿专用工作服。手套、超净工作台、生物安全柜内喷洒核酸祛除剂或5% 84消毒液。
	装有移液器吸头的吸头盒必须保持关闭状态，绝对避免吸完阳性对照的吸头经过打开的吸头盒。
	整个操作过程都要佩戴手套，一旦发现有污染风险必须更换手套并喷洒20% 84消毒剂。
	废弃吸头、废弃物品、被污染物品集中装于带有20% 84消毒液的废液桶内，且物品要浸没于液体中。
试验结束后的处理	试验结束后，将所有用20% 84消毒液处理过的废弃吸头、废弃物品、被污染物品、PCR管等集中装于密封塑料袋内并密封，外表喷洒10% 84消毒液，在实验室外将废物和废液分别处理。
	首先对超净工作台、生物安全柜使用核酸祛除剂进行全面擦拭，不要遗漏每个角落；然后通风运行10min，以抽出污染的气溶胶；最后开启紫外灯照射30min。每次试验结束后清洁一次。
	实验室内墙面、地面使用10% 84消毒液进行擦拭，每天工作结束后清洁一次。
	实验室内耗材和仪器未经处理不得移出。
	专用工作服不得随便穿出实验室，且每周将工作服用10% 84消毒液浸泡30min并清洗一次。

（3）实验室耗材选用标准清单 见表3-48。

表3-48　实验室耗材选用标准清单

包装检查	外包装应完整、无损、无污，标识清楚，检查品名、品牌、货号、规格、生产日期、有效期、贮存条件等信息；内包装物品标识应与外包装标识一致，检查是否有破损、泄漏、内容物是否齐全、是否有相应的使用说明书等。
滤芯吸头	测试吸头时需使用经校准的移液器。 选用标准：准确性、气密性、防气溶胶性、污染物质检、抑制物质检等。
离心管	选用标准：渗漏密闭性、离心密闭性、热密闭性、冷密闭性、污染物质检等。
PCR管	选用标准：渗漏密闭性、离心密闭性、热密闭性、冷密闭性、污染物质检、抑制物质检、空白荧光通透性、阳性荧光通透性等。

（4）实验室检测用临床样品的采样标准清单　见表3-49。

表3-49　实验室检测用临床样品的采样标准清单

猪采样	口鼻拭子：用生理盐水浸湿的一次性采样拭子插入鼻腔（口腔）后旋转，取出带有鼻腔分泌物的拭子，放入自封袋内，做好标记。
	咽拭子：手持一次性采样拭子伸进猪的咽喉，迅速擦拭两侧腭弓，猪咽喉、猪口腔细胞采集完成后，将咽喉采样拭子从口腔内取出，放入密封袋或采样试管内，盖上采样试管盖,拧紧并做标记保存。
	肛拭子：用生理盐水浸湿的一次性采样拭子插入肛门后抵住直肠表面旋转,取出拭子，放入自封袋内，做好标记。
	全血：猪耳采血及前腔静脉采血。
	组织：常用脾脏、淋巴结、肺脏、肾脏、肝脏、心脏、脑等，剪取黄豆大小的组织样本即可。
环境采样	场内环境：用生理盐水浸湿的纱布或棉签反复擦拭采样区域，建议一块纱布或棉签擦拭区域不超过$1m^2$，且不同区域采用不同棉签（纱布）擦拭，避免交叉污染。
	人员采样：取用生理盐水浸湿的纱布或棉签擦拭全身，重点擦拭头发、耳朵、指甲、鞋，以及随身物品（如手机、电脑、行李箱等手经常接触的物品）。
	车辆采样：用生理盐水浸湿的纱布或棉签反复擦拭，重点擦拭方向盘、车门把手、轮胎、座椅、后备箱、拉猪车栏杆。

（5）实验室监测　主要包括实验室环境监测（每周至少进行2次）、仪器监测（每周至少进行2次），以及气溶胶污染监测。其中，气溶胶污染监测主要包括以下方面：

①每次检测至少用3个阴性对照，随机提取。

②每天对实验室内空气进行采样监测（采用垂直落空法和物体表面擦拭法），空气监测范围至少应包括样本制备区和扩增产物分析区。

③定期对实验室台面、门把手、仪器设备表面进行取样监测。

④阳性样本采用另外一到两种更为灵敏且扩增不同区域的核酸检测试剂对原始样本进行复核检测。

（6）污染防控

①严格执行实验室功能分区，如试剂贮存和准备区、样本制备区、扩增和产物分析区，各区域在物理空间上应当是完全相互独立的。传递窗满足密封性要求，不能与空气直接相通。各项检测工作应严格按相应规定在各自的区域内进行，严禁在样本制备区配制试剂。

②确保人、物及空气单向流动。

清单式
管理

猪场现代化管理的有效工具

4 猪场一级管理清单的主要内容

4.1 猪场一级管理清单一览表

为了让读者对猪场一级管理清单有一个更直观、立体的认识，更好地理解管理清单中的内容设置，并有利于今后方便查询使用，我们没有使用传统的书籍目录书写格式对清单内容进行整理，而是采用了一览表的形式对清单中的主要内容进行分类和介绍。

同时为了便于读者快速搜寻所需项目及相关工作标准，一览表中用横纵两坐标矩阵排列图的方式列出内容。横轴排列内容按照猪的生长阶段分类，主要有公猪、后备母猪、配种妊娠母猪、哺乳母猪、保育仔猪、育肥猪等。纵轴排列内容按照猪的各个生长阶段的具体工作内容分类，主要有饲养目标、生产指标、栏舍设施、营养饲喂、环境控制与健康管理、绩效考核、饲养管理等，其中饲养目标是首要的，是所有生产行为的最高指导方向。

横轴
主要有公猪、后备母猪、配种妊娠母猪、哺乳母猪、保育仔猪、育肥猪等

纵轴
主要有饲养目标、生产指标、栏舍设施、营养饲喂、环境控制与健康管理、绩效考核、饲养管理等

哺乳母猪饲养目标
配种妊娠母猪生产指标
后备母猪营养需求
公猪舍环境控制

我们将猪场盈利的目标分解到猪群的每个生长阶段中去，包括公猪、后备母猪、配种妊娠母猪、哺乳母猪、保育仔猪、育肥猪。每个生长阶段主要是以达成自己的饲养目标、生产指标为使命，且每个流程环节均按标准执行。

其他关键控制点则是猪场盈利黄金法则中的要素，比如饲养目标、生产指标、栏舍设施、营养饲喂、环境控制与健康管理、绩效管理、饲养管理等。这些要素都列出了相应的工作标准，为猪场组织管理或生产行动提供了目标和导向，从而提升猪场管理效率。

项目		Ⅰ公猪	Ⅱ后备母猪	Ⅲ配种妊娠母猪
1 饲养目标		Ⅰ-1公猪饲养目标	Ⅱ-1后备母猪饲养目标	Ⅲ-1配种妊娠母猪饲养目标
2 生产指标		Ⅰ-2公猪生产指标	Ⅱ-2后备母猪繁殖性能指标	Ⅲ-2配种妊娠母猪生产指标
3 栏舍及设施		Ⅰ-3公猪舍栏舍设施	Ⅱ-3后备母猪舍栏舍设施	Ⅲ-3配种妊娠舍栏舍设施
4 营养与饲喂		Ⅰ-4.1公猪营养需求	Ⅱ-4.1后备母猪营养需求	Ⅲ-4.1配种妊娠母猪营养需求
		Ⅰ-4.2公猪饲喂方案	Ⅱ-4.2后备母猪饲喂方案	Ⅲ-4.2配种妊娠母猪饲喂方案
		Ⅰ-4.3公猪饮水控制	Ⅱ-4.3后备母猪饮水控制	Ⅲ-4.3配种妊娠母猪饮水控制
5 环境控制及健康管理	环境控制	Ⅰ-5.1.1公猪舍温湿度控制	Ⅱ-5.1.1后备母猪舍温湿度控制	Ⅲ-5.1.1配种妊娠舍温湿度控制
		Ⅰ-5.1.2公猪舍通风控制	Ⅱ-5.1.2后备母猪舍通风控制	Ⅲ-5.1.2配种妊娠舍光照控制
		Ⅰ-5.1.3公猪舍有害气体控制	Ⅱ-5.1.3后备母猪舍有害气体控制	Ⅲ-5.1.3配种妊娠舍通风控制
		Ⅰ-5.1.4公猪舍光照控制	Ⅱ-5.1.4后备母猪舍光照控制	Ⅲ-5.1.4配种妊娠舍有害气体控制
		Ⅰ-5.1.5公猪舍饲养密度控制		
	健康管理	Ⅰ-5.2.1公猪霉菌毒素控制	Ⅱ-5.2.1后备母猪霉菌毒素控制	Ⅲ-5.2.1配种妊娠母猪霉菌毒素控制
		Ⅰ-5.2.2公猪免疫参考程序	Ⅱ-5.2.2后备母猪免疫参考程序	Ⅲ-5.2.2配种妊娠母猪免疫参考程序
		Ⅰ-5.2.3公猪驱虫方案	Ⅱ-5.2.3后备母猪驱虫方案	Ⅲ-5.2.3配种妊娠母猪驱虫方案
		Ⅰ-5.2.4公猪保健方案	Ⅱ-5.2.4后备母猪保健方案	Ⅲ-5.2.4妊娠母猪保健方案
		Ⅰ-5.2.5公猪健康监测	Ⅱ-5.2.5后备母猪基础健康评估	Ⅲ-5.2.5妊娠母猪基础健康评估
				Ⅲ-5.2.6妊娠母猪健康监测
6绩效考核				Ⅲ-6配种妊娠舍绩效考核
7 饲养管理		Ⅰ-7.1.1公猪选择标准	Ⅱ-7.1.1 后备母猪引种安全	Ⅲ-7.1猪场理想母猪群胎龄结构
		Ⅰ-7.1.2公猪选留率及更新率	Ⅱ-7.1.2 后备母猪隔离	Ⅲ-7.2母猪（经产）淘汰标准
		Ⅰ-7.1.3公猪淘汰原因及分布	Ⅱ-7.1.3 后备母猪适应	Ⅲ-7.3母猪日常饲养管理检查清单
		Ⅰ-7.2.1 后备公猪配种要求	Ⅱ-7.2.1 后备母猪选种标准	Ⅲ-7.4母猪体况评分与管理
		Ⅰ-7.2.2 后备公猪调教	Ⅱ-7.2.2 后备母猪选种评分表	Ⅲ-7.5.1空怀（后备）母猪查情操作清单
		Ⅰ-7.3 公猪使用频率	Ⅱ-7.3 后备母猪淘汰标准	Ⅲ-7.5.2空怀母猪发情鉴定
		Ⅰ-7.4.1 采精操作流程	Ⅱ-7.4 后备母猪促发情措施	Ⅲ-7.6空怀母猪催情方案
		Ⅰ-7.4.2 公猪精液品质等级检查	Ⅱ-7.5 后备母猪发情判断	Ⅲ-7.7.1 配种时机的把握
		Ⅰ-7.4.3 异常精子分类	Ⅱ-7.6 后备母猪发情特点	Ⅲ-7.7.2 配种前检查
		Ⅰ-7.4.4 不合格精液公猪处理	Ⅱ-7.7 后备母猪主要存在问题	Ⅲ-7.7.3 配种前准备
		Ⅰ-7.4.5 精液稀释与保存		Ⅲ-7.7.4 配种操作
		Ⅰ-7.5公猪精液品质影响因素分析		Ⅲ-7.7.5 配种操作评分
				Ⅲ-7.8 配种母猪妊娠鉴定
				Ⅲ-7.9 母猪成功妊娠影响因素分析
				Ⅲ-7.10 母猪产仔数和返情影响因素分析
				Ⅲ-7.11 胚胎着床影响因素分析
				Ⅲ-7.12 其他异常情况分析

IV 哺乳母猪	V 保育仔猪	VI 生长育肥猪
IV-1哺乳母猪饲养目标	V-1保育仔猪舍饲养目标	VI-1生长育肥猪饲养目标
IV-2哺乳母猪生产指标	V-2保育仔猪生产指标	VI-2生长育肥猪生产指标
IV-3哺乳母猪舍栏舍设施	V-3保育仔猪舍栏舍设施	VI-3生长育肥猪舍栏舍设施
IV-4.1哺乳母猪营养需求	V-4.1保育仔猪营养需求	VI-4.1生长育肥猪营养需求
IV-4.2哺乳母猪饲喂方案	V-4.2保育仔猪饲喂方案	VI-4.2生长育肥猪饲喂方案
IV-4.3哺乳母猪饮水控制	V-4.3保育仔猪饮水控制	VI-4.3生长育肥猪饮水控制
IV-5.1.1哺乳舍温湿度控制	V-5.1.1保育仔猪舍温湿度控制	VI-5.1.1生长育肥猪舍温湿度控制
IV-5.1.2哺乳舍通风控制	V-5.1.2保育仔猪舍通风控制	VI-5.1.2生长育肥猪舍通风控制
IV-5.1.3哺乳舍有害气体控制	V-5.1.3保育仔猪舍有害气体控制	VI-5.1.3生长育肥猪舍有害气体控制
IV-5.1.4哺乳舍光照控制	V-5.1.4保育仔猪舍光照控制	VI-5.1.4生长育肥猪舍光照控制
	V-5.1.5保育仔猪舍饲养密度控制	VI-5.1.5生长育肥猪舍饲养密度控制
IV-5.2.1哺乳母猪霉菌毒素控制	V-5.2.1保育仔猪霉菌毒素控制	VI-5.2.1生长育肥猪霉菌毒素控制
IV-5.2.2哺乳仔猪免疫参考程序	V-5.2.2保育仔猪免疫参考程序	VI-5.2.2生长育肥猪免疫参考程序
IV-5.2.3哺乳母猪健康监测	V-5.2.3保育仔猪保健驱虫方案	VI-5.2.3生长育肥猪保健驱虫方案
	V-5.2.4保育仔猪基础健康评估	VI-5.2.4生长育肥猪基础健康评估
IV-6分娩舍绩效考核	V-6保育仔猪舍绩效考核	VI-6生长育肥猪舍绩效考核
IV-7.1.1 母猪乳房评估	V-7.1仔猪断奶应激综合征	VI-7.1 生长育肥猪饲养管理
IV-7.1.2 异常乳房分析	V-7.2 保育仔猪饲养管理	VI-7.2 生长育肥猪免疫操作
IV-7.2 分娩母猪体况（背膘）管理	V-7.3保育仔猪舍日常检查清单	VI-7.3 生长育肥猪转群操作
IV-7.2.1 分娩母猪体况管理重要性	V-7.4 导致断奶仔猪生长受阻的因素	VI-7.4 生长育肥猪空栏清洗消毒
IV-7.2.2 母猪背膘测定		VI-7.5 生长育肥猪销售流程
IV-7.3 母猪进产房前准备		VI-7.6 生物安全设施（以生长育肥场为例）
IV-7.4.1 分娩判断		VI-7.7 人员入场流程（以生长育肥场例）
IV-7.4.2 接产准备		VI-7.8 饲料车入场流程（以生长育肥场例）
IV-7.4.3 分娩接产		VI-7.9 疫苗入场流程（以生长育肥场例）
IV-7.4.4 分娩指导表		VI-7.10 物资入场流程（以生长育肥场例）
IV-7.4.5 与死胎有关的数据		
IV-7.5 母猪分娩前后护理参考方案		
IV-7.6.1 吃初乳及初乳采集		
IV-7.6.2 剪牙与断尾		
IV-7.6.3 并窝寄养		
IV-7.6.4 补贴与灌服球虫药		
IV-7.6.5 去势与教槽		
IV-7.7 分娩过程常见问题		
IV-7.8 缩宫素使用常见问题		
IV-7.9 哺乳采食影响因素分析		
IV-7.10 仔猪断奶成功的关键条件		

4.2 公猪管理清单

I-1 公猪饲养目标

项目	目标
性情	温驯，易调教，不攻击母猪、配种人员。
四肢	健壮，无明显肢蹄疾病。
体况	适中，不偏瘦或偏肥。
健康状况	良好，无传染性疾病或生殖器官疾病。
精液品质	优良，符合配种需求。
性欲	旺盛，配种或采精能力强。

I-2 公猪生产指标

项目	目标
精液品质	符合优良公猪精液标准
使用寿命（年）	2
配种成功率	≥1 000
后备公猪合格率（%）	>80
成年公猪更新率（%）	30～40

检查清单：

1.公猪精液品质见一级清单 I -6.4.2 公猪精液品质等级检查。

2.关注公猪配种成功率，低于800时应采取相应的干预措施。

3.配种成功率=该公猪最近100头配种母猪的分娩率×其100次配种母猪窝产仔数。例如，近100头配种母猪分娩率为80%，窝总产仔数为9.5头，则配种成功率=80%×9.5×100=760。

Ⅰ-3 公猪舍栏舍设施

项目	指标	要求清单
公猪舍	位置	远离其他猪舍。
	建筑结构	全密封的钢结构，天花板高约2.45m，屋顶用隔热材质。
	通道	纵向中间通道宽1.0～1.2m，两侧通道宽0.8m。
采精设备	位置	靠近实验室的公猪栏舍。
	采精栏	240cm×240cm，隔栏柱高55cm，柱距25cm。
	防滑垫	固定公猪采精，防止肢蹄受伤。
	假畜台	可调，长100～120cm、宽30～35cm、高50～70cm。
通风系统	风机或风扇	正常运转，功率选择与栏舍跨度相匹配。
	卷帘布	PE材质或者其他同等类型材料，厚≥0.4mm，每平方米重≥250g。
降温系统	水帘	面积与风机功率及栏舍构造匹配。 厚150mm，自然吸水率≥12mm/min，抗张力≥70N（干），每平方米重≥150g。
	喷雾水管	正常运转，每栏上方设置1个，高约1.8m，每分钟的喷雾量约0.000 17m³/头。
栏位系统	水泥地面栏	7.5～9.0m²/头，2.2m（宽）×2.6m（长）×1.5m（高）。
	定位栏	面积：0.6～0.8m（宽）×2.4m（长）×1.5m（高）。 侧栏片：外框40cm×40cm角铁＋栅条Φ18实心圆铁（镀锌）。 前、后栏门：外框Φ18实心圆铁＋栅条Φ14实心圆铁（镀锌）。 钢管间隙：14～15cm。
	漏缝间隙	后面：3.8cm；前面和正下方：2.5cm。
	水泥地面结构	防滑、粗糙的水泥地面（或高压水泥地面砖）。
	结构	双列式或三列式，以钢管构成的栅栏分开。
饮水系统	饮水器	鸭嘴式自动饮水器，一栏一用，高65～75cm。
	水流速度	2.0～2.5L/min。
	保健桶	清洁干净（定时清理），容积约100L。

检查清单：

1.冬季要做好设备保护，夏季到来之前要做好设备检修，以便高温时设备能正常运作。

2.夏季纵向通风，冬季垂直通风，其他季节纵向通风＋垂直通风。

I -4 公猪营养

I -4.1 公猪营养需求

项目	《中国猪饲养标准》 （NY-T 65—2004）	NRC（2012）	推荐
消化能（kcal/kg）	3 093	3 402	3 200 ～ 3 300
粗蛋白质（%）	13.5	13.0	15 ～ 16
钙（%）	0.7	0.75	0.7 ～ 0.8
总磷（%）	0.55	0.75	0.7 ～ 0.8
有效磷（%）	0.32	0.31	0.35 ～ 0.45
赖氨酸（%）	0.55	0.6	0.6 ～ 0.65
蛋氨酸（%）	0.15	0.11	0.16 ～ 0.18
蛋氨酸+胱氨酸（%）	0.38	0.31	0.42 ～ 0.45
苏氨酸（%）	0.46	0.28	0.45 ～ 0.48

注：1.《中国猪饲养标准》（NY/T 65—2004）中，以干物质88％为计，有效磷为非植酸磷，下同。
2.NRC（2012）以干物质90％为计，有效磷为表观总消化道的可消化部分，氨基酸含量为总氨基酸需要量，消化能为有效消化能，下同。
3. NRC（2012）中的粗蛋白质含量参考NRC（1998），下同。

I -4.2 公猪（后备公猪）饲喂参考方案

阶段（体重）	饲喂方式	饲喂量（kg/d）	目标
20 ～ 50kg	自由采食	1.5 ～ 2.0	注重骨骼发育
50 ～ 120kg	日喂两餐（适度限饲）	2.0 ～ 2.5	控制膘情，兼顾生长
120kg至初配	日喂两餐（限饲）	2.5 ～ 3.0	控制膘情，保持合理体型
成年公猪	日喂两餐（限饲）	2.5 ～ 3.0	控制膘情，保持旺盛性欲

检查清单：
1.公猪的饲喂目标是保持公猪最适的体况，饲喂方案根据环境、品种、饲料营养等调整。
2.选择饲喂正规的公猪料很重要，切勿使用育肥猪料饲喂。
3.定时定量饲喂，日喂两餐。遇高温等异常天气要注意蛋白质的补充，如每日增加1～2枚生鸡蛋。
4.条件允许的情况下，每周加喂一次青饲料，补充维生素及纤维素，促进胃肠道蠕动。

I-4.3　公猪饮水控制

项目	指标	要求
饮水要求	水流量（L/min）	2.0 ~ 2.5
	饮水量（L/d）	15 ~ 20
	每千克饲料耗水量（L）	5 ~ 7
	饮水器高度（cm）	65 ~ 75
	饮水器类型	鸭嘴式自动饮水器
水质要求	pH	5 ~ 8
	大肠杆菌数（个/L）	< 100
	其他细菌数（个/L）	< 105

检查清单：

1.水是猪的第一营养。

2.饮水系统也是疾病传播的一个重要源头，饮水卫生常被猪场忽视。

3.定期检修饮水管线（冬季防冻、夏季防晒等）、水压，保证饮水正常且供应充足。

4.定期（至少1年/次）检测水质，水质应符合《畜禽饮用水水质》（NY 5027—2001），下同。

5.每批猪转群后对供水管线及饮水器进行清洗、消毒，消毒液在饮水管线中保留4 ~ 6h后再冲洗。

6.水管消毒液用量（L）=水管半径（cm）×水管半径（cm）×3.14×水管长（m）÷10。

I-5　公猪舍环境控制与健康管理

I-5.1　公猪舍环境控制

I-5.1.1　公猪舍温湿度控制

项目	温度（℃）	湿度（%）
适宜温湿度	18 ~ 23	60 ~ 70
温湿度控制范围	15 ~ 27	50 ~ 80

检查清单：

1.温度对于猪场的重要性不言而喻，谁把握了猪场的温度，谁就控制了猪场的生产成绩。

2.每日监测记录不同时间段舍内外的温度，且每周对温度计进行校正，保证温度能被有效监控。

3.高温严重影响公猪精液质量，公猪精子的产生约需要6周时间，高温对精子的影响可能持续6周以上。

4.用水帘降温时，水帘关闭以舍外温度低于27℃为准。

5.保持栏舍干燥，30℃以下避免水冲洗，减少公猪蹄部疾病。

Ⅰ-5.1.2 公猪舍通风控制

指标	季节	目标
风速（m/s）	冬、春、秋季	0.2 ~ 0.3
	夏季	1.5 ~ 1.8
通风换气量 [m³/ (h·kg)]	冬季	0.35 ~ 0.45
	春、秋季	0.55 ~ 0.6
	夏季	0.7

检查清单：

1.检查通风设施（风机等）是否正常运转。

2.冬季严防贼风。

Ⅰ-5.1.3 公猪舍有害气体控制

指标	目标
氨气（mg/ m³）	≤ 25
硫化氢（mg/m³）	≤ 10
二氧化碳（mg/L）	≤ 1 500
粉尘（mg/m³）	≤ 1.5
有害微生物（万个/m³）	≤ 6

检查清单：

1.关注舍内有害气体浓度（感觉、专业仪器测定）。

2.改进通风（排风）系统、通过营养调整等降低有害气体浓度。

Ⅰ-5.1.4 公猪舍光照控制

指标	目标	检查清单
光照强度（lx）	200 ~ 250	保持栏舍通透，提高自然光照强度。
光照时间（h）	14 ~ 16	有效控制人工光照时间。

检查清单：

1.光照在猪场容易被忽视，但舍内光照的控制直接影响猪场的生产成绩，对种猪极其重要。

2.猪舍光照需保持均匀，灯具离地面1.8 ~ 2.0m，间距排布均匀，以3m设计为宜。

3.使用光照测定仪（摄影测光仪）对猪舍内光照进行有效监控。

4.建议使用白色荧光灯（100W），将灯安装在大部分光线能够照射到猪眼睛的位置。

5.10lx相当于5W灯泡在其正下方2m处的光照强度。

Ⅰ-5.1.5 公猪舍饲养密度控制

阶段	每栏饲养数量（头）	每头饲养面积（m²）
后备公猪（性成熟前）	1 ~ 2	4.0 ~ 5.0
性成熟公猪（或成年公猪）	1	7.5 ~ 9.0

检查清单：

1.公猪舍需远离母猪舍。

2.单栏饲养时，猪栏不能封闭，要能够看到其他公猪。

3.青年公猪大栏一起饲养，可以提高性欲，但要防止打斗。

Ⅰ-5.2 公猪健康管理

Ⅰ-5.2.1 公猪霉菌毒素控制

霉菌毒素种类	最高允许量（μg/kg）	影响
黄曲霉毒素	< 20	1.生殖器官炎症（包皮炎），精液质量差、浓度低，形态异常增加，受精能力下降，肝脏受损。 2.睾丸萎缩。 3.精子质量下降，无精、少精、死精现象增加，青春期延迟、性欲与精子活力下降，出现雌性化症状。 4.拒食、呕吐、免疫抑制性霉菌毒素中毒症。
呕吐毒素	< 1 000	
玉米赤霉烯酮毒素	< 200	
赭曲霉毒素 A	< 100	
T-2 毒素	< 500	

Ⅰ-5.2.2 公猪免疫参考程序

免疫时间	疫苗名称	免疫剂量	免疫方式
1月、5月、9月	猪瘟弱毒疫苗	2头份	强制免疫
2月、6月、10月	猪口蹄疫疫苗	2mL	强制免疫
3月、7月、11月	猪伪狂犬病活疫苗	2头份	强制免疫
3月、7月	猪乙型脑炎活疫苗	2头份	强制免疫
4月、8月、12月	猪繁殖与呼吸综合征灭活疫苗	2头份	强制免疫
4月、8月、12月	萎缩性鼻炎疫苗	1头份	选择免疫

检查清单：

1.免疫程序因猪场而异。

2.免疫时尽量安排冬季（或凉爽天气），避免受高温应激。

3.免疫时可补充抗应激药物及氨基酸类营养物质。

Ⅰ-5.2.3 公猪保健与驱虫方案

项目	要求
驱虫次数	4次/年
驱虫时间	每年2月、5月、8月、11月
驱虫周期	连续5～7d/次
驱虫方式	体内外同时驱虫
驱虫药物首选	体内：伊维菌素（预混剂、针剂） 体外：双甲脒

检查清单：

1.猪寄生虫病属于全年发生的疾病，对猪的侵袭是长年存在的，故控制猪寄生虫病应是全年性的。

2.对于被寄生虫感染严重的猪场，进行全群彻底统一内外驱虫一次，稳定后建立驱虫程序。

3.注意猪舍及场内的清洁卫生，及时清除猪排出的粪便中的寄生虫，中小猪场可将猪粪堆积发酵，经4～6周可杀灭大部分虫卵；并加强对栏舍消毒。

4.管理科学、提供全价饲料、保证营养良好，可增强猪抵抗寄生虫侵袭的能力。

5.驱虫前建议适当控料，让猪尽快吃完。

Ⅰ-5.2.4 公猪健康监测

非洲猪瘟	合格标准：核酸阴性、抗体阴性。 异常检测：核酸阳性或抗体阳性。
猪瘟	合格标准：抗体阳性率要求100%，且阻断均值≥80。 异常检测：抗体阳性率＜100%，且阻断均值＜80。
猪繁殖与呼吸综合征	合格标准：抗原、抗体均阴性。 检测异常： 1.阴性场　病原：核酸阳性。 2.阳性场 （1）病原　核酸阴性，抗体水平：s/p>2.0，离散度>60%。 （2）病原　核酸阳性，抗体水平：s/p>2.0，离散度<30%。
猪伪狂犬病	合格标准：核酸检测阴性，gE抗体阴性，gB抗体阳性率≥90%，离散度≤20%。 异常检测： 1.核酸检测阳性或gE抗体阳性。 2.核酸检测阴性，gE抗体阴性，gB抗体阳性率＜90%或离散度＞20%。

I-6 公猪饲养管理

I-6.1 公猪选淘标准

I-6.1.1 种公猪选择标准

项目	指标	选择清单
基础	肢蹄	结实，无明显肢蹄疾病（如裂蹄、"八"字脚、O形脚）。
	体型	体长达到品种均数（体长：大白猪115cm以上、长白猪117cm以上），收腹好，体型好，后躯发达。
	睾丸	发育正常，左右对称。
	健康	无明显包皮积液；无皮肤病，皮肤红润，皮毛光滑；无传染性疾病、无应激综合征；同窝猪无阴囊疝、脐疝等遗传性疾病。
	性成熟	8月龄性成熟时体重达130kg以上，能参加调教、配种。
重点	精液品质	精液质量高，符合《精液监测标准》。
关键	公猪本身	适应性强。
	后代性能	后代一致性好、料肉比低、体型好、生长速度快、肉质好。

I-6.1.2 公猪选留率及更新率

指标	分类	目标
选留率	核心群	8%～10%
	杂繁群	10%～15%
	终端群	50%～60%
更新率	一般公猪	2～3年更新100%
	优秀公猪	使用年限不限

注：优秀公猪在使用年限过长时，精液品质出现下降便淘汰。

I-6.1.3 公猪淘汰原因及分布

项目	淘汰清单	淘汰比例（%）
年限	核心群：配种超过80胎或使用年限超过1.5年的成年公猪。	
	商品群：使用超过2年以上。	28
	超过10月龄不能配种的后备公猪。	

（续）

项目	淘汰清单	淘汰比例（%）
精液品质	长期检验不合格，参照《精液品质评定标准》，五周四次精检法。	28
性欲	性欲低，配种或采精能力差（经治疗后无经济价值）。	10
健康	有先天性生殖器官疾病（阴囊疝、脐疝等遗传性疾病）。 因裂蹄或关节炎等肢蹄损伤影响配种或采精。 感染严重的传染病（定期抽血检验）。 普通疾病治疗2个疗程未康复，长期不能配种或采精。	10
性情	不爬跨假畜台或母猪，无法调教。 性情暴躁，攻击工作人员、咬伤母猪、自淫等。	3
其他	体型过肥或过瘦造成配种困难，无法调整。 不符合品种特征，体型评定为不合格。 后代体型外貌及生长性能差（个体变异大、畸形率高、生长速度等）。	21

Ⅰ-6.2 后备公猪饲养管理

Ⅰ-6.2.1 后备公猪配种要求

指标	目标
月龄	＞8
体重（kg）	＞130
精子活力	＞0.8
精子密度	中度或以上

Ⅰ-6.2.2 后备公猪调教

项目	指标	操作清单
调教条件	年龄	8月龄。
	体重	体重＞130kg。

（续）

项目	指标	操作清单
调教频率	次数	4 ~ 5次/周。
	时间	15 ~ 20min/次。
调教方式	观摩法	将后备公猪赶至待采精栏，旁观其他成年公猪采精或配种，激发性欲。
	发情母猪诱情法	要求母猪发情明显且旺盛，后备公猪与发情母猪共处一室，待公猪性欲旺盛时把母猪赶走，切忌母猪爬跨公猪。
		涂：在假畜台上涂发情母猪的尿液、阴道分泌物或其他公猪的精液。
	爬跨假畜台法	赶：将后备公猪赶至采精栏。
		模仿：调教人员模仿发情母猪的叫声，刺激公猪。

检查清单：

1.调教公猪时，尽量让公猪熟悉采精人员的声音。第一次成功采精后至少应连续3d对其采精，以强化意识，形成条件反射。

2.调教公猪时要有耐心，对待公猪要温和，且保持环境安静。

I-6.3 公猪使用频率

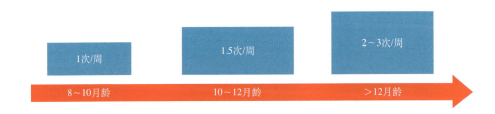

检查清单：

1.所有没有采精任务的公猪每周至少采精1次，对保持公猪性欲非常重要。

2.多数公猪习惯于给定的采精频率和配种频率，采精频率的稳定性比采精的频率更重要。

3.采精次数太少，会造成精子活力低；采精太频繁，精子不成熟，不能用。

4.合理安排公猪的采精频率，有助于维持公猪性欲及延长公猪使用寿命。

Ⅰ-6.4 公猪采精操作及精液处理

Ⅰ-6.4.1 采精操作流程

项目	步骤	操作清单
采精前	1	采精前提前1h准备好营养液。
	2	确定被采公猪，记录耳号、品种。
	3	准备清水、毛巾、采精杯、洗瓶、纸巾、保温箱、采精手套。
	4	检查采精栏内假畜台的好坏，调整到适合高度。
	5	查看公猪档案，将公猪赶入采精栏。
采精操作流程	1	从恒温箱（37℃）中取出干净的采精杯。
	2	若采精栏不靠近实验室，则将采精杯放入保温箱。
	3	先戴上无滑石粉的聚乙烯一次性手套（不能用乳胶、聚氯乙烯手套），再戴一副食品手套。
	4	剪掉公猪包皮处的长毛。
	5	在公猪爬跨后，上下挤压公猪包皮处积尿并排干净。
	6	用清水清洗干净包皮处，并用干毛巾或纸巾擦拭。
	7	脱去外层食品手套。
	8	等到公猪阴茎伸出，握拳式让公猪阴茎伸入，用手指抓紧部分伸出的阴茎前端的龟头，顺势握住公猪阴茎并慢慢拉出。
	9	用洗瓶清洗公猪阴茎，并用纸巾擦干。
	10	置集精瓶高于包皮部，防止包皮部液体流入集精瓶。
	11	弃掉刚开始与最后的清亮液体及胶体，只采集中间的富精部分（80～400mL）。
	12	采精过程必须让公猪射精完才放手（需3～5min）。
	13	用纱布过滤去掉冻胶部分（20～40mL），盖好采精杯，并放入保温箱。
	14	把采精杯送入化验室，并标记好公猪耳号、品种及采精员姓名。
	15	将公猪赶入栏舍，给鸡蛋作为奖励。
	16	清洗采精栏，将所有工具物归原处。

注：采精时保持环境安静，忌中途打断公猪，需要时才给予帮助。

Ⅰ-6.4.2　公猪精液品质等级检查

指标	采精量（mL）		精子活力	精子密度（亿个/mL）	精子畸形率（%）	精子气味	精子颜色
	成年公猪[a]	青年公猪[b]					
优	＞250		＞0.8	＞3.0	＜5		
良	150～250	150～200	0.7～0.8	2.0～3.0	5～10	微腥味	乳白色或灰白色
合格	100～150		0.6～0.7	0.8～2.0	10～18		
不合格	＜100	＜100	＜0.6	＜0.8	＞18	腥臭味	其他颜色

注：[a]8～12月龄公猪，[b]12月龄以上公猪。

Ⅰ-6.4.2.1　公猪精液品质检查清单

编号	检查清单
1	精液采集完成后要立即检查，一般在8～10min完成。
2	每次采精后及使用精液前，都要进行精子活力检查。检查精子活力前必须使用37℃左右的保温板，以满足精子温度需要。
3	不合格要求：以上指标一项为不合格，就评定为不合格，弃用。
4	后备公猪精液量一般为150～200mL（8～12头份/次），成年公猪一般为200～600mL（15～35头份/次），与品种、年龄、季节、饲养管理等因素均有关。
5	精子活力：以呈直线运动的精子比例计算，新鲜精子活力＞0.7为正常，稀释后精液活力＞0.65为正常，低于则弃用。
6	精子畸形率一般≤18%（夏季≤20%），否则应弃去，对采精公猪要求每隔2周检查一次畸形率。
7	颜色：精子密度越大，精液颜色就越白，异常颜色的精液必须弃用。
8	酸碱度：用pH试纸测定，正常精液呈弱碱性或中性，最佳pH为6.8～7.2。pH越接近弱碱性或中性，则精子密度大，过酸或过碱都会影响精子活力。

Ⅰ-6.4.3 异常精子分类

异常种类	特征	原因分析
头部异常	头大、头扁	睾丸退化或受到外部刺激，渗透压变化。
颈部异常	断裂、头颈不连接	
中部异常	歪、肥大	
尾部异常	断尾、折断、卷曲	
不成熟	细壁质滴黏在中部、尾部或颈部	公猪年龄小或使用频率过高。

Ⅰ-6.4.4 不合格精液公猪处理

用五周四次法检查：

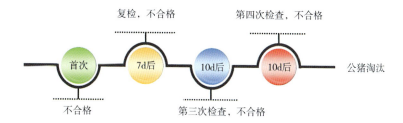

检查清单：

1.经过连续五周四次法的精液检查，一直不合格的公猪建议作淘汰处理。

2.若中途检查合格，视精液品质状况酌情使用。

Ⅰ-6.4.5 精液稀释与保存

步骤		操作清单
消毒	设备消毒	稀释及分装用的所有仪器、用具高温消毒（冷却），确保卫生。
稀释液	蒸馏水	稀释用蒸馏水或去离子水，pH要求呈中性（6.8 ~ 7.2）。
	称量	自配稀释剂成分要求纯净、称量准确。
	配制	稀释液现配现用。
稀释步骤	1.原精液温度控制	采精后原精液保持33 ~ 35℃。
	2.精液检验	检验颜色、气味，以及镜检精子活力、畸形率等。
	3.确定稀释倍数	精子活力>0.8，精液：稀释液=1：2。
		精子活力=0.6 ~ 0.7，精液：稀释液=1：1。
		精子活力<0.6，不稀释使用，一般建议弃用。

(续)

步骤		操作清单
稀释步骤	4.稀释液预热	取两个高灵敏度温度计分别置于原精液和水浴锅中的稀释液,以原精液温度为准,调整稀释液温度与原精液温度相差在1℃以内。
	5.稀释、混合	将稀释液按约1:1缓慢倒入原精液中,混匀,30s后将剩余稀释液缓慢倒入,混合均匀(采精后10~15min内完成稀释)。
	6.镜检	稀释后检查精子活力,要求活力＞0.65。
分装	分装	将稀释好的精液放置10min后缓慢摇晃,将精液瓶倾斜45°缓慢倒入(80~100mL/份)。不同品种猪的精液使用不同颜色输精瓶分装,便于区分。
	排空	分装后输精瓶中的空气需排尽。
	标记	标明公猪耳号、品种、稀释时间等信息。
保存	温度控制	稀释好后的精液不能立即放入到恒温箱内,要用毛巾覆盖至自然冷却到22℃左右(约1h),避免温度降低过快,刺激精子。
		保存至16~18℃(最佳17℃)恒温冰箱中。
		恒温箱内要放温度计,观察温度是否与恒温箱显示的温度一致。
	时间控制	保存时间＜3d。
	存放	不同品种猪的精液分开放置,均应该平放且可叠加。

注:温度检查,每隔12h摇匀1次(防止精子沉淀)。为确保准确性,必须要有记录。

I-6.4.5.1　精液保存注意事项:精子五"怕"

项目	机理	操作清单
光照	阳光中的紫外线对精子具有极强的杀伤力	稀释及保存时尽量避免阳光直照。
脏	细菌是精子的克星	采精、精液稀释等时保持干净、卫生。
振荡	强烈振荡会导致精子大量死亡、变形	稀释时按顺(或逆)时针轻轻搅拌,使用及运输时应轻拿轻放。
水分	外来水分会导致精子爆炸死亡	稀释剂按照规定比例稀释,避免外来水分渗入。
温度	精子对温度的频繁变化缺乏适应能力	恒温(17℃)保存精子,使用时不需升温,输精瓶使用前可保存在恒温冰箱(16~18℃)内,并用毛巾包裹。

Ⅰ-6.4.5.2　稀释剂配制

稀释剂成分	配比	作用
葡萄糖（g）	37	为精子提供营养。
柠檬酸钠（g）	6	抗凝及调节pH。
乙二酸四乙酸二钠（g）	1.25	抗凝及防止有害金属离子及化学基团对精子构成伤害。
碳酸氢钠（g）	1.25	调节pH。
KCl（g）	0.75	调节渗透压。
蒸馏水（mL）	1 000	增加精液的量，防止温度变化剧烈。
50万IU庆大霉素（支）	2	抗菌。

Ⅰ-6.5　公猪精液品质影响因素分析

Ⅰ-6.5.1　影响公猪精液品质的因素

原因	检查清单
年龄过大或过小	老龄公猪淘汰，青年公猪在8月龄、体重在130kg以上时才能逐步使用。
肢蹄疾病或传染性疾病	相应抗体检测，根据结果调整和及时治疗，合格后再使用。
卫生、温湿度及通风不合理等	卫生干净，温度控制在18～22℃，相对湿度不要超过70%，通风良好，无氨气味。
使用频率过高	青年公猪1次/周，成年公猪2次/周。
缺乏运动	公猪2次/周，每次20min，每次运动约1km。
缺乏光照	让公猪得到一定的光照或将公猪每天赶到舍外运动一次。

Ⅰ-6.5.2　采精及稀释过程

原因	检查清单
公猪或采精设备消毒不严格	公猪采精前采精部位要消毒。
	采精设备按要求消毒。
	精液检测设备要消毒。

（续）

原因	检查清单
采精操作不严格	按照采精流程操作。
精子品质鉴定不严谨或不鉴定	对精液进行活力、颜色、气味等指标检查，不合格的弃用。
未按要求对精液进行稀释	按照要求进行稀释，根据精子质量选择稀释倍数。
未按要求对精液进行保存	排完输精瓶内空气。
	恒温箱控制在17℃恒温。
	保存时间＜3d。
未按要求运输	精液运输要用恒温箱；在运输中禁止晃动、暴晒。

4.3　后备母猪管理清单

Ⅱ-1　后备母猪饲养目标

Ⅱ-1.1　后备母猪培养目标

项目	目标	现状
长期培养目标	使后备母猪的繁殖潜能得到最大化发挥。	问题突出，淘汰率高。
	形成健全的后备母猪营养体系。	营养体系不健全。
短期培养目标	提高初情期。	初期延迟，乏情比例高。
	提高配种成功率（＞95%）。	返情、流产比例高。
	提高合格率（＞90%）。	淘汰率高。
	获得最佳的排卵数。	排卵数不稳定。
	获得最大的胚胎存活率。	产死胎率高。
	达到理想的体况。	体况不合理比例高。

Ⅱ-1.2 后备母猪饲养目标

阶段	目标
25 ～ 60kg	促进骨骼发育。 促进肌肉发育。 保证卵巢发育。 保证免疫系统发育。
60kg至初情期（约110kg）	及时启动初情期。 促进卵泡发育，获得最大排卵数。 提高卵泡质量，获得最佳受精率。 具备最佳初配体况。

注：后备母猪饲养得好坏将影响母猪终生繁殖成绩。

Ⅱ-1.3 后备母猪初配目标

指标	目标
初情诱导日龄（d）	150 ～ 160
初情平均日龄（d）	170 ～ 190
首配平均日龄（d）	220 ～ 240
初配体重（kg）	130 ～ 135
初配背膘厚（mm）	18 ～ 20
最佳配种期	第3情期
配种前催情料饲养天数（d）	14

注：不同品种（系）母猪初情目标要求各有差别，具体指标根据种品种（系）定。

Ⅱ-1.4 后备母猪生长目标

阶段	体重（kg）	日龄（d）	日增重（g）	背膘厚度（mm）
阶段1（初选期）	25 ～ 60	60 ～ 120	580	7
阶段2（快速生长期）	60 ～ 90	120 ～ 160	750	7 ～ 13

（续）

阶段	体重（kg）	日龄（d）	日增重（g）	背膘厚度（mm）
阶段3（初情启动期）	90～125	160～210	700	13～16
阶段2至阶段3	（60kg至配种前21d）		650	
阶段4（短期优饲期）	125～140	210～230	750	18～20
阶段5（分娩期）	增加35～40	增加15		增加2～3

检查清单：

1.体重是判断后备母猪是否合格的最重要单一指标，反映后备母猪的生长状况及成熟度。

2.后备母猪太轻或太重，配种时均会降低生产性能。

3.控制后备母猪适中的日增重（650～700g），确保其免疫系统及生殖系统能够得到充分发育。

4.高度重视后备母猪的背膘厚度。

5.体重和背膘可能会随环境和基因型的变化而发生变化，但因猪的品种而异。

II-2 后备母猪生产指标

指标	目标
母猪利用率（%）	＞90
入群后28d内发情配种率（%）	＞90
头胎窝产活仔数（头）	＞10.5
配种成功率（%）	＞95
性能保持	＞75%母猪进入第三胎正常生产 前2胎提供仔猪数＞22头
终身窝产仔数	＞7胎 ≥70头
终生生产平均年非生产天数（d）	≤30
后备母猪年补充更新率（%）	30～35

检查清单：

1.后备母猪是猪场未来盈利的保证，是母猪群具有较长生产寿命的根基。

2.关注后备母猪的配种体重（体重是判断后备母猪是否合格的最重要单一指标，反映后备母猪的生长状况及成熟度）。

3.用公猪刺激3周后有超过70%的母猪发情，用公猪刺激6周后有超过95%的母猪发情。

Ⅱ-3 后备母猪栏舍设施

项目	指标	要求清单
隔离舍	位置	隔离舍距原有猪群至少1000m，最好在生厂区外。
	建筑结构	全密封的钢结构，天花板高约2.45m，屋顶用隔热材质。
	通道	纵向中间通道宽1.0～1.2m，两侧通道宽0.8m。
通风系统	风机或风扇	正常运转，功率选择与栏舍跨度匹配。
	卷帘布	PE材质或者其他同等类型材料，厚≥0.4mm，每平方米重≥250g。
降温系统	水帘	面积与风机功率及栏舍构造匹配。 厚150mm，自然吸水率≥12mm/min，抗张力≥70N（干），每立方米重≥150g。
	喷雾水管	正常运转，每栏上方设置1个，高约1.8m，每分钟的喷雾量约0.00017m³/头。
栏位系统	单体地面栏	4～6头/栏。
	头均面积	2.0～3.0m²。
饮水系统	饮水器	大号碗式饮水器，一栏一用，高60～75cm。
	水流速度	2.0～2.5L/min。
	保健桶	清洁干净（定时清理），约100L。
地面系统	水泥地面	防滑、粗糙的水泥地面（或高压水泥地面砖）。

检查清单：
1.夏季炎热时开启水帘，风机全开，通风降温；冬季低温时关闭水帘的水泵，开启天花板小窗、换气风机，通风换气。
2.夏季纵向通风，冬季垂直通风，其他季节纵向通风+垂直通风。
3.后备栏应设计成方形，这样更有利于群养时母猪逃避攻击。
4.群养时需考虑母猪的性情，性情温和的母猪头均饲养面积不低于2m²，性情暴躁的母猪头均饲养面积不低于3.0m²。

Ⅱ-4 后备母猪营养

Ⅱ-4.1 后备母猪营养需求

项目	《中国猪饲养标准》（NY/T 65—2004）	推荐
体重（kg）	40～70	75～140
消化能（kcal/kg）	2903	3250
粗蛋白质（%）	14	15.0～15.5

（续）

项目	《中国猪饲养标准》（NY/T 65—2004）	推荐
钙（%）	0.53	0.85 ~ 0.95
总磷（%）	0.44	0.65 ~ 0.7
有效磷（%）	0.2	0.4 ~ 0.45
赖氨酸（%）	0.67	0.7 ~ 0.8
蛋氨酸（%）	0.36	0.38 ~ 0.45
蛋氨酸+胱氨酸（%）	0.43	0.43 ~ 0.50
苏氨酸（%）	0.11	0.12 ~ 0.20

Ⅱ-4.2　后备母猪参考饲喂方案

阶段	每头每天的饲喂量（kg）	饲料品种	目的
引种当天	不喂料，保证充足饮水，水中加入抗应激药物	抗应激药物、抗生素等	减少应激
第2天	0.5		
第3天	正常饲喂量1/2	后备母猪专用料	饲料过渡
第4天	自由采食		
4 ~ 6月龄	自由采食（2.0 ~ 2.5）		正常生长
6 ~ 7月龄（第1情期）	适当限饲（1.8 ~ 2.2）		控制生长速度
第1 ~ 2情期	正常饲喂量增加1/3（2.5 ~ 2.8）	后备母猪料	刺激发情
第2情期后1周	2.0 ~ 2.5		刺激发情
配种前2周	3.0以上或自由采食	哺乳母猪料	短期优饲，促进排卵
配种至妊娠28d	限饲（1.8 ~ 2.0）	妊娠母猪料	胚胎着床最大化

检查清单：

1.种猪引进后，8h内不喂饲料，1h内不能饮水。先让猪休息1h，再采用少量多次的方法饮水，即每次少量供给，待饮完30min再饮，防止猪暴饮，同时水中加电解多维或抗应激药物。

2.根据猪的体重，选择合适的饲喂饲料（小猪料或后备母猪料）。

3.配种前根据后备母猪体况（背膘）适当增减饲喂量，防止母猪过肥或过瘦。

4.配种前必须催情补饲2 ~ 3周，以提高母猪的排卵数。

5.后备母猪妊娠早期（前3 ~ 4周）严格控制饲喂量。

Ⅱ-4.3 后备母猪饮水控制

项目	指标	要求
饮水要求	水流量（L/min）	1.5 ~ 2.0
	饮水量（L/d）	15 ~ 20
	每千克饲料耗水量（L）	5 ~ 6
	饮水器高度（cm）	60 ~ 70
	饮水器类型	鸭嘴式自动饮水器
水质要求	pH	5 ~ 8
	大肠杆菌数（个/L）	< 100
	其他细菌数（个/L）	< 105

Ⅱ-5 后备母猪舍环境控制与健康管理

Ⅱ-5.1 后备母猪舍环境控制

Ⅱ-5.1.1 后备母猪舍温湿度控制

项目	温度（℃）	湿度（%）
适宜的温湿度	18 ~ 25	60 ~ 70
控制范围	15 ~ 27	50 ~ 80

检查清单：
1. 后备母猪引种后要注意保温防暑，防止昼夜温差过大引起流感、腹泻等。炎热季节可以在饲料中添加抗应激药物，如维生素C、维生素E、碳酸氢钠等。温度过高或过低，均影响后备母猪发情。
2. 温度 > 25℃时，影响后备母猪的采食量；温度 < 18℃时，影响膘情积累。

Ⅱ-5.1.2 后备母猪舍通风控制

指标	季节	要求
风速（m/s）	冬、春、秋季	0.3
	夏季	1.5 ~ 1.8
通风换气量 [m³/（h·kg）]	冬季	0.35
	春、秋季	0.45
	夏季	0.6

检查清单：冬季要防止贼风。

Ⅱ-5.1.3 后备母猪舍有害气体控制

指标	要求
氨气（mg/ m³）	≤ 25
硫化氢（mg/m³）	≤ 10
二氧化碳（mg/L）	≤ 1 500
粉尘（mg/m³）	≤ 1.5
有害微生物（万个/m³）	≤ 6

Ⅱ-5.1.4 后备母猪舍光照控制

指标	要求
光照强度（lx）	250 ~ 300
光照时间（h/d）	14 ~ 16

检查清单：保证充足的光照时间与光照强度，有利于后备母猪发情。

Ⅱ-5.2 后备母猪健康管理

Ⅱ-5.2.1 后备母猪霉菌毒素控制

霉菌毒素种类	最高允许量（μg/kg）	影响
黄曲霉毒素	< 20	1.外阴和乳腺肿大、拒食、生长停滞等。
呕吐毒素	< 1 000	2.子宫和肛门脱垂、呕吐、拒食。
玉米赤霉烯酮毒素	< 200	3.发情抑制（不发情、不排卵）、假发情。
赭曲霉毒素A	< 100	4.屡次配种不成功、流产。
T-2毒素	< 500	5.卵巢萎缩、子宫弯曲、产弱仔。

检查清单：

1.霉菌毒素对后备母猪最常见的危害就是延迟后备母猪发情，并可能将影响后备母猪终生繁殖成绩（母猪的生殖器官处于受损害的风险中）。

2.玉米赤霉烯酮毒素容易造成未成熟母猪假发情、卵巢萎缩等症状，对于成熟后备母猪则引起发情中止，出现假孕症状。

Ⅱ-5.2.2 后备母猪免疫参考程序

免疫时间	疫苗名称	免疫剂量	免疫方式
50～60kg	猪繁殖与呼吸综合征活疫苗	1头份	颈部肌内注射
	猪圆环病毒病疫苗	2mL	颈部肌内注射
+7d	猪口蹄疫疫苗	2mL	颈部肌内注射
	猪瘟弱毒疫苗	2头份	颈部肌内注射
+14d	猪伪狂犬病活疫苗	0.5头份/mL	颈部肌内注射
+21d	猪细小病毒病灭活疫苗+猪乙型脑炎活疫苗	各2mL	颈部肌内注射
+31d	猪繁殖与呼吸综合征活疫苗	1头份	颈部肌内注射
	猪圆环病毒病疫苗	2mL	颈部肌内注射
+38d	猪口蹄疫疫苗	2mL	颈部肌内注射
	猪瘟弱毒疫苗	2头份	颈部肌内注射
+45d	猪伪狂犬病活疫苗	2头份	颈部肌内注射
+52d	猪细小病毒病灭活疫苗+猪乙型脑炎活疫苗	各2mL	颈部肌内注射

检查清单：

1.后备母猪免疫系统不完善，容易受疾病攻击，对仔猪的保护能力较弱，对后备母猪尤其要重视猪细小病毒病与乙型脑炎的疫苗接种。

2.后备母猪按照免疫程序在配种前1周完成所有疫苗免疫，且必须在每种疫苗免疫2次后方可配种。

3.后备母猪的免疫程序需根据引种猪场的免疫程序制定，包括免疫种类、疫苗类型等。

4.后备母猪免疫疫苗须知。

类别	疫苗种类	要求
一类疫苗	猪口蹄疫疫苗	到场后1周内即免疫。
	猪瘟疫苗	到场后1周内即免疫。
	猪伪狂犬病灭活疫苗	到场后1周内即免疫。
二类疫苗	猪细小病毒病灭活疫苗	配种前6周、3周各免疫1次，但日龄至少要达到150d。
	猪乙型脑炎活疫苗	免疫所有新引入种猪，尤其是在蚊虫活跃的季节。
	猪大肠杆菌病疫苗	产前5周、2周各免疫1次，或让后备母猪在适应期接触原场仔猪或母猪的粪便，3次/周。

（续）

类别	疫苗种类	要求
三类疫苗	猪繁殖与呼吸综合征疫苗	让后备母猪与病毒携带猪接触，较免疫更有效。
	猪萎缩性鼻炎疫苗	到达后即免疫。
	猪支原体肺炎疫苗	后备母猪无MPS，到达后即免疫则意义不大。
	猪传染性胃肠炎疫苗	隔离期免疫阴性母猪。

注：1.一类疫苗为国家规定强制免疫的疫苗。
2.二类疫苗为常规推荐。
3.三类疫苗为针对猪场附近疫情可考虑免疫的疫苗。

Ⅱ-5.2.3　后备母猪驱虫方案

项目	要求
驱虫时间	引种后第2周、配种前2周各驱虫1次（体内外同时进行），连续7d为1个周期。
药物选择	体内驱虫：首选伊维菌素（预混剂、针剂）、阿苯达唑。
	体外驱虫：双甲脒、杀螨灵、虱螨净等体外喷雾。

Ⅱ-5.2.4　后备母猪参考保健方案

阶段	参考方案
引种后前2周	第1周：每吨饲料中添加泰妙菌素（80%）125g+金霉素（15%）3 000g。
	第2周：每吨饲料中添加泰妙菌素（80%）100g+阿莫西林（75%）200g。
适应期开始前2周	第4周：每吨饲料中添加磷酸泰乐菌素（22%）500g。
	第5周：每吨饲料中添加金霉素（15%）4 000g。

注：以上可预防呼吸道与消化道疾病，同时降低猪的应激反应。

Ⅱ-5.2.5　后备母猪基础健康评估

控制点	单项（分）	操作要求	实际检查情况
外观（膘情）评分	6	各个品系相应的标准不同，以现场评价为准，分析是否与管理、饲喂、营养、健康等相关。	

（续）

控制点	单项（分）	操作要求	实际检查情况
体表寄生虫评分	6	1分：频繁摇头、蹭痒，体表皮肤未见明显破损。 2分：耳部有褐色渗出物，背部、臀部有丘疹性皮炎。 3分：黑色结痂。 4分：背部有银屑样物质。 5分：皮肤形成龟裂。 6分：体毛脱落。	
体表综合评分（泪斑、毛色、精神程度）	6	待具体细化（泪斑、毛色、精神程度）。	
粪尿评分	6	粪便（正常松软成形、松软不成形、糊状软粪、稀粪、水样稀粪）和尿液（正常尿、尿黄、血尿、尿少等）。	
体内寄生虫检查	6	球虫、小袋纤毛虫、三毛滴虫、蛔虫、绦虫等。	
历史健康检测报告	6	检测数量、检测频率、检测分析等。	
繁殖障碍评估	6	不发情、返情、流产、产死胎、产木乃伊胎、胎衣检查等。	
环境应激状态评估	6	冷热应激、密度、空气质量、水质等造成猪群的临床反应。	
免疫效果评价	6	有合理的保健程序并严格执行。	
保健效果评价	6	有合理的免疫程序并严格执行，有每年3次以上的全群检测报告。	

注：评估总分为60分，分值越高代表健康风险越大。

Ⅱ-6　后备母猪饲养管理

Ⅱ-6.1　后备母猪引种

Ⅱ-6.1.1　后备母猪引种安全

项目	检查清单
引种来源	1.引种尽量保持同场化，避免品种来源多场化，以及病原来源多元化。 2.引种场猪群健康状况应与本场相近，无疫区、无新型传染病。
引种人员	1.引种前1周不得接触任何畜禽，避免携带病原。 2.接触种猪前必须严格消毒。
运输车辆	1.选择非畜禽运输车辆。 2.做好清洗、消毒（至少2次）。

(续)

项目	检查清单
运输过程	1.炎热季节：防暑降温，控制装猪密度，加强通风。 2.寒热季节：做好保暖。 3.运输行驶平稳，切忌紧急刹车。

Ⅱ-6.1.2　后备母猪隔离

项目	检查清单
隔离时间	＞3周。
地点选择	隔离舍距原有猪群至少1 000m，最好在生厂区外。
栏舍要求	4 ～ 6头/栏。 头均面积不少于3.0m²。
卫生要求	进猪前将隔离舍彻底冲洗干净并严格消毒。 栏舍消毒空置时间＞7d。 保持栏舍及设备干燥。 及时清理粪尿。
设备要求	具备加药器、通风及保温设施等。 隔离区及主农场严禁共享设备（专舍专用）。
饲喂要求	抗应激：电解多维。 提供充足、干净的饮水。
防疫要求	每天至少带猪消毒1次。 观察是否跛行、腹泻、气喘，并抽血检测。 禁止实施人工免疫（疫苗）。 防止过度打斗，尽量减少人为干扰。 防鸟、防鼠、灭蚊蝇等。 全进全出。

检查清单：

1.后备母猪运输至隔离舍后的3d内，必须严格执行相关的检疫流程。

2.避免由于环境改变而导致的潜在风险的发生。

II-6.1.3　后备母猪适应

II-6.1.3.1　适应时间及地点要求

项目	要求	操作清单
适应时间	6～8周	隔离期（3周）结束后开始。
适应地点	隔离舍	环境卫生、检修通风设施等。

II-6.1.3.2　疾病适应

项目		操作清单
消化系统适应	粪便接触	将本场健康的年龄较大的母猪所排粪便放置引进猪栏排粪沟，让后备母猪逐渐接触。
		每栏约1kg，每日更换1次，持续2周。
	粪便饲喂（选择）	粪便接触结束后，将本场健康的年龄较大的母猪所排粪便添加至后备母猪饲料中混饲。
		每天每头50g，持续30d。
呼吸道及体表微生物适应	活猪接触（母猪混养）	在引种满60d后，与原场种猪（待淘汰的种猪）混养。
		初期：8～10头后备母猪配置1头健康的年龄较大的母猪（待淘汰的种猪），混养2周。
		后期：3～5头后备母猪配置1头健康的年龄较大的母猪，混养2周。
	免疫	制定合理的免疫程序，特别是二类疫苗的免疫程序。
	保健	做好后备母猪引进后前2周的保健工作，降低应激。
	驱虫	引种后第2周及配种前2周内体内外驱虫各1周。

注：1.除原有猪群有猪痢疾、球虫病、C型产气荚膜梭菌感染或猪丹毒外，适应期后备母猪不能接触原有猪群粪便，可用木乃伊胎、胎盘、死胎达到此目的。
2.青年母猪在适应期需要逐步接触场内的微生物，让其自身获得抗击场内猪群现有微生物病原的免疫机能，同时允许场内母猪升级自己的免疫模式，以应对新引进母猪群带入的微生物。

II-6.1.3.3　饲料适应

项目	时间	操作清单
逐步增加饲喂量	引种当天	不喂料，保证充足的饮水，水中加入抗应激药物
	第2天	饲喂0.5kg
	第3天	正常饲喂量的1/2
	自第4天开始	自由采食

Ⅱ-6.2 后备母猪选种

Ⅱ-6.2.1 后备母猪选种标准

Ⅱ-6.2.1.1 整体（外形）选淘清单

选择标准	淘汰标准
体型修长，符合品种特征	
被毛光泽，皮肤红润，符合品种特征	
长白猪和大白猪身上无黑色斑点（血统纯正）	
头部清秀，与躯干连接紧凑，腮肉少	不符合本品种外貌特征
肩宽、背线平直	
臀部丰满、尾根处有窝，上翘	

Ⅱ-6.2.1.2 外阴选淘清单

选择标准	淘汰标准
外阴大小及形状正常	幼稚型外阴（发育不全）
阴户发育良好，肥厚丰满，大小同尾根轮廓相当	外阴过小（交配、分娩困难）
无损伤	外阴上翘（分娩困难）
不上翘	外阴外翻（子宫、膀胱等感染炎症）
	外阴严重损伤（配种、分娩困难）

Ⅱ-6.2.1.3 肢蹄（腿）选淘清单

选择标准	淘汰标准
关节有适当的弯曲，能够起到良好的起卧缓冲作用	侧蹄过度发育
行走流畅，步态轻盈	后肢蹄部直立，臀部较窄，肌肉紧绷，后肢呈鹅步
不跛行，无明显关节肿胀、无明显损伤	蹄、腿部有明显损伤
肢蹄结实，无明显肢蹄疾患	内外"八"字腿（O形腿、X形腿）
蹄趾头较大，大小均匀，有间距地分布	蹄趾过小、无间距或间距太小（裂蹄、蹄掌磨损）
蹄部方向朝外侧，之间有足够的宽度	蹄趾大小差异过大（＞1/2）

（续）

选择标准	淘汰标准
侧蹄发育正常	腿间距离过窄
前腿结实，站姿呈矩形	肢关节肿大、突起
前腿与后腿蹄尖方向成平行线	较严重的裂蹄

Ⅱ-6.2.1.4　腹线（乳头）选淘清单

选择标准	淘汰标准
腹线平直	存在瞎乳头和副乳头
乳头整齐，乳头间距合适，分布均匀	乳头不突出，内陷
有效乳头数在6对以上	乳头间距过小且分布不均匀
乳头发育良好，无瞎乳头	每边功能性乳头少于6个

Ⅱ-6.2.1.5　健康选淘清单

选择标准	淘汰标准
无传染性疾病	脐疝
无应激综合征	并趾（一个或多个脚趾并在一起）
无皮肤性疾病（损伤、免疫注射肿块等）	经驱赶不震颤、不打抖
无呼吸道症状（泪斑、红眼、咳嗽）	雌雄同体

Ⅱ-6.2.2　后备母猪选种评分表

项目	要求	比重（%）	评分（5分制）
整体	符合品种特征（长白猪和大白猪身无黑色斑点） 体型修长、头部清秀，肩宽，背线平直 行走流畅 臀部丰满，尾根处有窝	20	

（续）

项目	要求	比重（%）	评分（5分制）
肢蹄（腿）	无裂蹄 不跛行，无明显关节肿胀、无明显损伤 大小一致 侧蹄发育正常 蹄部、腿部无损伤 肢蹄较大，匀称，有间距分布	30	
腹线、乳头	腹线平直 有效乳头数在6对以上 乳头整齐（无突出、内陷） 乳头间距合适，分布均匀 乳头发育良好（无瞎乳头、副乳头）	25	
阴户	无阴户上翘 无明显损伤 无小阴户	15	
健康	无传染性疾病（脐疝等） 无皮肤病、呼吸道疾病等	10	

检查清单：
1.每个指标评分均为1~5分，只要有一个指标的分值低于3分则均不选留。
2.阴户指标中只要有一个不符合要求就不能选种。
3.有针尖状阴户的后备母猪根据生产性能和其他体型外貌评分进行选留。

Ⅱ-6.3　后备母猪淘汰标准

项目	淘汰清单
发情	不发情或发情不明显的母猪。 6月龄未发情，经诱情（催情）处理无效的母猪。 270日龄从未发情的母猪。

（续）

项目	淘汰清单
疾病	出现气喘、肠胃炎等疾病，经隔离治疗未康复的母猪。
	有严重跛腿、消瘦、气喘、咳嗽等疾病经治疗无效的母猪。
	有生殖器官疾病（子宫炎）及未治愈的母猪（未治愈前禁忌配种）。
空怀流产	连续空怀（或返情）3次、流产2次且再次配种不孕而又未治愈的母猪。

Ⅱ-6.4　后备母猪促发情措施

项目	操作清单
公猪诱情	140～168日龄，2次/d（上、下午各1次），10～15min/次，同时进行人工辅助刺激。
适当运动	每周2次或2次以上，每次运动1～2h。
疾病控制	喂料时看采食情况，清粪时看粪便色泽，休息时看呼吸情况，运动时看肢蹄等。
转动效应	通过混群、调栏、转运改变母猪环境（每2d调栏1次）。
发情母猪刺激	与发情母猪混群饲养。
饥饿处理	急剧断料24h或限饲3～7d（1kg/d），保证充足的饮水。
死精处理	每日向母猪鼻腔喷洒少量成年公猪的精液。
激素处理	对使用上述催情措施无效的母猪，使用PG600等促排药物处理1～2次。

检查清单：

1.后备母猪的促发情措施一般按照此表顺序进行，并慎用激素催情。

2.公猪是母猪最好的催情剂，后备母猪必须与公猪保持充分的身体（口、鼻）接触。

3.诱情公猪与母猪隔离饲养，避免彼此厌恶，经常更换诱情公猪（2头/d）则诱情效果更好。

4.诱情公猪必须是气味较大、性欲强的成年公猪（9月龄以上），最好选用有规律参与配种的公猪（对母猪兴趣更强烈）。尽量不用老龄公猪，因为用老龄公猪刺激可能达不到预期效果。

5.有病及时治疗，无治疗价值的及时淘汰。

6.做好夏季的防暑降温工作；保持良好的环境卫生，及时清粪；定期严格消毒。

Ⅱ-6.5　后备母猪发情判断

特征	检查清单
阴户	外阴红肿发热、潮红、外突，阴蒂肿大。
分泌物	阴门分泌水样黏液，并由稀逐渐变黏稠。

（续）

特征	检查清单
食欲	食欲不振，下降。
精神状态	闹圈、烦躁不安、咬栏，并不时发出哼哼的叫声。
	眼神变呆，身体微颤，背部弓起。
触摸表现	压背时静立不动。
	触摸阴唇时尾巴上翘，暴露阴门。
接触公猪表现	呆立不动。

检查清单：
1.关注后备母猪初情期，必须严格做好发情记录，并分栏集中饲养管理。
2.注意填写后备母猪发情记录表。

序号	耳号	出生日期	发情时间			
			第1次	第2次	第3次	第4次
1						
2						
……						

Ⅱ-6.6 后备母猪发情特点

特征	检查清单
发情周期	21d（18 ～ 24d）。
发情表现	外阴表现明显，红肿程度更明显。
持续时间	36 ～ 48h（经产母猪：46 ～ 53h）。
静立反射持续时间	15 ～ 30min。
排卵时间	静立反射后17h。
持续时间	持续时间较长（3 ～ 4d），建议配种3次或以上。
配种时机	静立表现8 ～ 12h时配种较宜。

Ⅱ-6.7 后备母猪主要存在问题

问题	表现	原因
利用率低	肢蹄疾病（产后瘫痪）	选育、环境或营养不当。
	屡配不孕或早期流产	霉菌毒素污染。
	不发情或发情不明显	发情刺激不当。
	难产率高（产后不食）	产道狭窄、产力不足、胎儿活力低。
哺乳性能差	仔猪易患病（如腹泻、黄白痢）	初乳中所含抗体少。
	乳汁质量差	乳房发育不完善。
	采食量低，断奶时体重轻	母猪个体小，仔猪有炎症、采食潜力低。
断奶发情不理想	发情间隔长，有第二胎综合征	断奶后体况差。
产仔性能差	死胎、木乃伊胎占比高	配种前免疫不到位（如疫苗剂量不够、免疫时间间隔太长）。

检查清单：

1.做好后备母猪选育（选种）工作。

2.科学饲喂，保持后备母猪适宜的体况，避免过度肥胖或偏瘦。

3.减少霉菌毒素污染。

4.严格执行免疫程序。

5.采取有效的发情刺激措施。

6.加强后备母猪初产后的护理工作，避免出现采食量低及无乳的情况，同时减少二胎综合征。

4.4 配种妊娠母猪管理清单

Ⅲ-1 配种妊娠母猪饲养目标

项目	阶段	目标	目标体况（分）	目标背膘（mm）
空怀配种母猪	断奶—配种	母猪体况快速恢复 缩短发情间隔 提高排卵率 提高发情配种率	2.5 ~ 3.0	16 ~ 18

(续)

项目	阶段	目标	目标体况（分）	目标背膘（mm）
妊娠母猪	妊娠第0～28天	提高胚胎存活率 母猪体况恢复	2.5～3.0	16～18
	妊娠第29～90天	母猪体况恢复与调整 胎儿快速生长发育	3.0～3.5	18～20
	妊娠第91天至分娩	乳腺发育 分娩及泌乳体能储备	3.5～4.0	21～23

检查清单：

1.重视母猪体况管理，并实时监控。

2.根据母猪体况调整饲喂量，保证母猪体况处于最佳生产状态。

3.利用各种指标检测体况，如体况评分（触诊）、背膘测定（背膘仪）、称重或测腹围。

4.对母猪进行体况评分应与背膘测定同时进行，可提高判定的精确度。

5.对母猪进行体况评分虽然带有主观性和不准确性，但是很重要，其价值在于让猪场员工凭感觉和观察去检查母猪，能够在第一时间监测到母猪体重损失及掉膘情况并及时采取措施。

Ⅲ-2 配种妊娠母猪生产指标

项目	生产指标	目标
配种妊娠母猪	配种成功率或受胎率（%）	≥95
	断奶发情间隔（d）	＜7
	断奶7d发情配种率（%）	≥90
	分娩率（%）	≥90
	年产窝数	≥2.3
	异常母猪淘汰率（%）	＞90
	返情率（%）	(21±3) d，≤10（干预水平≥15） ＞24d，≤3（干预水平≥6）
	非生产天数（NPD）	＜45
	年更新率（%）	35～40
	死亡率（%）	＜2

（续）

项目	生产指标	目标
窝产仔数	窝产活仔数（头）	经产母猪＞11 初产母猪＞10.5
	年产活仔数（头）	＞25
	死胎率（%）	＜5
	木乃伊胎率（%）	＜1.5
	弱仔率（%）（体重＜800g）	＜5
	初生平均重（kg）	＞1.5
	出生均匀性分布	＜1.2kg，＜10% ＞1.5kg，＞50% 1.2～1.5kg，约40%

检查清单：

1.坚决淘汰失去生产价值的母猪。

2.空怀母猪淘汰应在配种前进行，可提高配种分娩率及减少年非生产天数。

3.仔猪的均匀性比出生平均重对提高猪场生产成绩更重要，均匀的体重分布对于猪场效益的提高是一个良好的开始。

4.重视仔猪初生重称重，可以帮助生产者了解仔猪的出生情况，并采取相应的应对措施。

5.初生重过低，将增加哺乳期仔猪的死亡率，降低断奶重，占用猪场更多管理资源和精力，降低猪场利润（初生重每增加100g，断奶前死亡率可能降低0.4%，断奶重可提高200g）。

Ⅲ-3　配种妊娠舍栏舍设施

项目	指标	要求
配种妊娠舍	建筑结构	全密封的钢结构，天花板高约2.45m，屋顶用隔热材质。
	通道	纵向中间通道宽1.0～1.2m，两侧通道宽0.8m。
通风系统	风机或风扇	正常运转，功率选择与栏舍跨度匹配。
	卷帘布	PE材质或者其他同等类型材料，厚≥0.4mm，每平方米重≥250g。
降温系统	水帘	面积与风机功率及栏舍构造匹配。 厚150mm，自然吸水率≥12mm/min，抗张力≥70N（干），每立方米重＞150g/m³。
	喷雾水管	正常运转，每栏上方设置1个，高约1.8m，每分钟的喷雾量约0.000 17m³/头。

（续）

项目	指标	要求
栏位系统	空怀配种栏（m）	0.65×2.2×1.1。
	妊娠定位栏（m）	0.7×2.2×1.1。
	头均面积（m²）	约1.4。
	妊娠后期地面栏（m²/头）	约3。
	地面	为防滑、粗糙的水泥地面（或高压水泥地面砖），要求地面平整，忌坡度过大。
饮水系统	饮水器	鸭嘴式饮水器，一栏一用，高65～75cm。
	水流速度（L/min）	2.0～2.5。

检查清单：夏季横向通风，冬季垂直通风，其他季节横向通风＋垂直通风。

Ⅲ-4 配种妊娠母猪营养

Ⅲ-4.1 妊娠母猪营养需求

项目	《中国猪饲养标准》（NY/T 65—2004）		NRC（2012）		推荐	
	妊娠前期	妊娠后期	妊娠≤90d	妊娠>90d	妊娠≤90d	妊娠>90d
消化能（kcal/kg）	2 903～3 046	2 998～3 046	3 388		3 100	3 300～3 350
粗蛋白质（%）	12.0～13.0	12.0～14.0	12.0～12.9		13.0～13.5	17.5～18.0
钙（%）	0.68	0.43～0.61	0.67～0.83		0.7	1.02～1.2
总磷（%）	0.54	0.16～0.23	0.25～0.31		0.4	0.72
有效磷（%）	0.32	0.38～0.49	0.52～0.62		0.35	0.42
赖氨酸（%）	0.46～0.53	0.48～0.53	0.39～0.61	0.55～0.80	0.58～0.62	0.95
蛋氨酸（%）	0.12～0.14	0.12～0.14	0.11～0.18	0.16～0.23	0.16～0.17	0.21～0.25
蛋氨酸+胱氨酸（%）	0.31～0.34	0.32～0.34	0.29～0.41	0.40～0.54	0.41～0.43	0.45～0.50
苏氨酸（%）	0.37～0.40	0.38～0.40	0.34～0.46	0.44～0.58	0.47～0.51	0.52～0.58

注：1.《中国猪饲养标准》（NY/T 65—2004）中，各营养指标根据母猪配种体重、预计窝产仔数不同要求不一，配种体重越低，则营养需求越高。
2.NRC（2012）中，各营养指标根据母猪胎次、预计妊娠期增重、预计窝产仔数不同要求不一，胎次越低，营养需求相应更高。
3.推荐：妊娠后期（妊娠>90d）营养指标参考哺乳期母猪营养需求。

Ⅲ-4.2　配种妊娠母猪饲喂方案

母猪	阶段	每天每头的饲喂量（kg）	饲料品种	目的
后备母猪	配种到妊娠28d	1.8 ~ 2.0	妊娠料	胚胎着床最大化
	29 ~ 90d	2.0 ~ 2.5	妊娠料	调整膘情
	91 ~ 112d	2.5 ~ 3.0	哺乳料	攻胎
	113d至分娩当天	2（分娩当天不喂）	哺乳料	顺利分娩，预防子宫炎、乳腺炎、无乳综合征
经产母猪	断奶—配种	自由采食（3.5kg以上）	哺乳料	短期优饲，提高排卵
	配种至分娩前28d	1.8 ~ 2.2	妊娠料	胚胎着床最大化
	29 ~ 90d	2.5 ~ 3.0	妊娠料	调整膘情
	91 ~ 112d	3.0 ~ 3.5	哺乳料	攻胎
	113d至分娩当天	2（分娩当天不喂）	哺乳料	顺利分娩，预防子宫炎、乳腺炎、母猪产后无乳综合征

检查清单：
1.妊娠母猪饲喂量应根据饲料营养浓度、母猪体况、气候等而定，禁忌过度饲喂。
2.对于哺乳期失重较多的母猪，妊娠早期适当提高饲喂量，有助于提高生产成绩。
3.妊娠4 ~ 12周按照母猪体况调整饲喂量，将母猪膘情调整至最佳状况。
4.配种时母猪体况低于2.5分（或背膘厚度低于14mm）不宜配种。

Ⅲ-4.2.1　妊娠期饲喂不当对母猪生产性能的影响

因素	影响
过度饲喂	增加胚胎死亡率（性激素增加、孕酮降低）。
	影响乳腺发育（乳脂沉积）。
	影响卵巢发育（脂肪化增加，发育受阻）。
	影响泌乳期采食量（内分泌失调）。
	增加难产率（仔猪过大）。
	增加饲养成本。
饲喂不足	断奶发情困难。
	受胎率低下。
	后续胎次产仔数减少。
	产后瘫痪率增加。
	仔猪初生重小或不均匀。

Ⅲ-4.3   配种妊娠母猪饮水控制

项目	指标	要求
饮水要求	水流量（L/min）	2.0 ～ 2.5
	饮水量（L/d）	15 ～ 20
	每千克饲料耗水量（L）	5 ～ 7
	饮水器高度（cm）	65 ～ 75
	饮水器类型	鸭嘴式或水槽
水质要求	pH	5 ～ 8
	大肠杆菌数（个/L）	< 100
	其他细菌数（个/L）	< 105

检查清单：

1.高度重视妊娠母猪饮水，尤其是围产期及母猪发热时必须保证或额外提供充足的饮水。

2.母猪采食量下降或出现便秘时检查其饮水是否足够（水流、水质）。

Ⅲ-5   配种妊娠舍环境控制及配种妊娠母猪健康管理

Ⅲ-5.1   配种妊娠舍环境控制

Ⅲ-5.1.1   配种妊娠舍温湿度控制

项目	温度（℃）	湿度（%）
适宜的温湿度	18 ～ 21	60 ～ 70
控制范围	15 ～ 27	50 ～ 85

检查清单：

1.关注配种妊娠舍内的温湿度，每日监测记录不同时间段舍内外的温度。

2.温度控制重点阶段包含配种至妊娠30d（影响受胎率和窝仔数）和妊娠85～110d（关系死产数）。

3.尽量减少配种妊娠舍的水冲次数，保持栏舍干爽可避免母猪出现肢蹄疾病。

4.配种妊娠舍宜采用水帘降温、滴水降温方式，尽量减少喷雾降温。

5.夏季做好防暑降温，舍内温度不宜高于27℃，冬季做好防寒保暖。

6.秋季昼夜温差逐渐变大，母猪发情及返情比例增加，应控制昼夜温差平稳。

Ⅲ-5.1.2   配种妊娠舍通风控制

指标	季节	要求
风速（m/s）	冬、春、秋季	0.3
	夏季	1.5 ～ 1.8

（续）

指标	季节	要求
通风换气量 [m³/（h·kg）]	冬季	0.30
	春、秋季	0.45
	夏季	0.6

注：表中的风速是指所在位置猪体高度的夏季适宜和冬季最大值，在舍内温度大于28℃时风速可酌情加大，但不宜大于2m/S。

Ⅲ-5.1.3 配种妊娠舍有害气体控制

指标	要求
氨气（mg/m³）	≤25
硫化氢（mg/m³）	≤10
二氧化碳（mg/L）	≤1 500
粉尘（mg/m³）	≤1.5
有害微生物（万个/m³）	≤6

Ⅲ-5.1.4 配种妊娠舍光照控制

项目	栏舍	要求
光照时间（h）	配种舍	16～18h（6～8h黑暗）
	妊娠舍	14～16
光照强度（lx）	配种舍	300～350
	妊娠舍	200～250

检查清单：

1.定期对灯泡进行检修、清理，保证光照时间及光照强度，尤其是配种舍。

2.配种舍灯泡需安装在限位栏母猪头部上方，保证能够直接照射到母猪眼部，有助于母猪发情。

3.对于青年母猪，建议延长照明时间，即明暗比为17：7。

4.建议使用白色荧光灯（100W），保持舍内光照均匀，距地面1.8～2.0m，间距以3m为宜。

5.保证光照强度为350lx。

Ⅲ-5.2   配种妊娠母猪健康管理

Ⅲ-5.2.1   配种妊娠母猪霉菌毒素控制

霉菌毒素种类	最高允许量（μg/kg）
黄曲霉毒素	< 20
呕吐毒素	< 1 000
玉米赤霉烯酮毒素	< 200
赭曲霉毒素A	< 100
T-2毒素	< 500

Ⅲ-5.2.1.1   配种妊娠母猪霉菌毒素影响

猪种	影响
空怀母猪	黄体持续发育，呈现假妊娠现象。
	断奶至发情间隔延长。
	发情终止、假发情或重复发情。
	直肠脱垂、子宫脱落。
	阴门充血、肿大，子宫肿胀。
	影响排卵甚至不排卵，以致不孕。
妊娠母猪	外阴红肿。
	流产。
	死胎、木乃伊胎、畸形胎（"八"字腿）、弱仔数增加。
	霉菌毒素透过胎盘进入胎儿体内，能引起新生仔猪阴户红肿、假发情等。

检查清单：

1.关注母猪霉菌毒素污染。

2.霉菌毒素主要来源于饲料、原料（玉米、麸皮等），应做到实时监控、检测。

3.保持栏舍尤其是料槽的清洁卫生，料槽积压饲料时应及时清理。

4.注意饲料及原料的存放，避免雨淋及暴晒。

5.尽量少使用花生粕。

Ⅲ-5.2.2　配种妊娠母猪免疫参考程序
Ⅲ-5.2.2.1　普免参考程序

免疫时间	疫苗名称	免疫剂量	免疫方式
1月、5月、9月	猪瘟弱毒疫苗	2头份	强制免疫
2月、6月、10月	猪口蹄疫疫苗	2mL	强制免疫
3月、7月、11月	猪伪狂犬病活疫苗	2头份	强制免疫
3月、7月	猪乙型脑炎活疫苗	2头份	强制免疫
4月、8月、12月	猪繁殖与呼吸综合征灭活疫苗	2头份	强制免疫
4月、8月、12月	猪萎缩性鼻炎疫苗	1头份	选择免疫

Ⅲ-5.2.2.2　按生产周期免疫参考程序

免疫时间	疫苗名称	免疫剂量	免疫方式
产前45d	传染性胃肠炎-流行性腹泻二联疫苗	1头份	选择免疫
产前40d	K88/K99大肠杆菌病疫苗	2头份	选择免疫
产前20～25d	传染性胃肠炎-流行性腹泻二联疫苗	1头份	选择免疫
产前15d	K88/K99大肠杆菌病疫苗	2头份	选择免疫
产前14d或产后14d	猪细小病毒病灭活疫苗	2mL	选择免疫
产后21d或断奶时	猪瘟弱毒疫苗	4头份	强制免疫

注：免疫程序应根据本场实际生产情况而定。

Ⅲ-5.2.3　配种妊娠母猪驱虫方案

项目	要求
驱虫时间	跟胎驱虫：产前2周。 全群普驱：每年2月、5月、8月、11月全场统一安排驱虫。
驱虫周期	5～7d。
驱虫方式	体内外同时驱虫。
驱虫药物首选	体内：伊维菌素（预混剂、针剂）。 体外：双甲脒等。

注：对于寄生虫感染严重的猪场需要加强驱虫，且体内外驱虫需同时进行。

Ⅲ-5.2.4　妊娠母猪参考保健方案

阶段	参考方案	目的
妊娠第1～7天	利高霉素	抗菌消炎，防流保胎
妊娠第30～36天	鱼腥草	清热解毒
妊娠第60～66天	穿心莲或清肺散	清热解毒
妊娠第92～98天	大黄苏打	调整胃肠功能，防止便秘
妊娠第105～112天	利高霉素	抗菌消炎

注：1.保健方案应根据母猪群体的具体健康程度确定。
2.母猪转群时添加维生素C（饮水或饲料），以减缓母猪的应激。

Ⅲ-5.2.5　妊娠母猪基础健康评估

控制点	单项（分）	操作要求	实际检查情况
外观（膘情）评分	6	各个品系相应的标准不同，以现场评价为准，分析是否与管理、饲喂、营养、健康等相关。	
体表寄生虫评分	6	1分：频繁摇头、蹭痒，体表皮肤未见明显破损。 2分：耳部有褐色渗出物，背部、臀部有丘疹性皮炎。 3分：黑色结痂。 4分：背部有银屑样物质。 5分：皮肤形成龟裂。 6分：体毛脱落。	
体表综合评分（泪斑、毛色、精神）	6	待具体细化（泪斑、毛色、精神）。	
粪尿评分	6	粪便（正常松软成形、松软不成形、糊状软粪、稀粪、水样稀粪）和尿液（正常尿、尿黄、血尿、尿少等）。	
体内寄生虫检查	6	球虫、小袋纤毛虫、三毛滴虫、蛔虫、绦虫等。	
历史健康检测报告	6	检测数量、检测频率、检测分析等。	
繁殖障碍评估	6	不发情、返情、流产、产死胎、产木乃伊胎、胎衣检查等。	
环境应激状态评估	6	冷热、饲养密度、空气质量、水质等造成的猪群临床反应。	
免疫效果评价	6	有合理的保健程序并严格执行。	
保健效果评价	6	有合理的免疫程序并严格执行，有每年3次以上的全群检测报告。	

注：评分总分为60分，评分越高代表健康风险越大。

Ⅲ-5.2.6 妊娠母猪健康监测

合格标准：产前7周对配怀母猪进行10%的肛拭子采样检测，阴性。

异常检测：

产前7周
（猪流行性腹泻检测）

阳性比例：＜10%。

阳性比例：10%～30%。

阳性比例：＞30%。

产前3周进行2次检测，根据检测结果确定处置方案。

合格标准：对待上产床母猪进行30%的肛拭子采样检测，阴性。

异常检测：对待上产床母猪进行30%的肛拭子采样检测，阳性，则对待上产床母猪进行每头检测。

产前3周
（猪流行性腹泻检测）

$30 < CT \leqslant 38$。

$25 < CT \leqslant 30$。

$CT \leqslant 25$。

Ⅲ-6 配种妊娠舍绩效考核

指标	绩效方案	备注
产仔窝数	15元/窝	=分娩窝数×15
窝均健仔数超标准数部分	10元/头	=（窝均产仔数−10.5）×分娩窝数×10
数据管理	100元/月	未按要求执行，扣100元/次
全勤奖	300元/月	当月有休假，无全勤奖
分娩率=85%	500元/月	每增加1%，奖励200元
分娩率=75%	−200元/月	每降低1%，扣100元
后备公猪调教合格	200元/头	
后备母猪合格率=90%	200元/批	以第一次配种为准，每提高1%奖励50元
母猪无报备死亡	−200元/头	

Ⅲ-7　配种妊娠母猪饲养管理

Ⅲ-7.1　猪场理想母猪群胎龄结构

胎次	目标比例（%）	适宜结构（%）
第0胎	17	33
第1胎	16	
第2胎	15	51
第3胎	14	
第4胎	12	
第5胎	10	
第6胎	9	16
第7胎	7	

检查清单：

1.合理做好猪场母猪淘汰计划（每周、每月）。

2.保证均衡的猪群结构有利于猪场生产效率及资源利用的最大化。

3.坚决淘汰老龄化、无治疗价值和无使用价值的母猪。

4.避免早期过多淘汰母猪，淘汰过多会导致猪群结构改变，最终影响窝产仔数。

5.保持足够成熟的3~6胎母猪群体数量，可保持母猪群体免疫水平处于合理水平。

Ⅲ-7.2　母猪（经产母猪）淘汰标准

问题	淘汰清单
不发情	断奶后30d不发情，或5胎以上断奶后10d不发情母猪。
返情（空怀）	连续空怀（或返情）3次的母猪。
流产	连续2次流产且屡配不成功的母猪。
产仔异常	2~3胎：2次平均产活仔数<8头。
	4~6胎：近2次平均产活仔数<10头，或总体平均产活仔数<9头。
	7胎以上：返情或上次总产仔数<10头。
疾病	肢蹄问题严重（裂蹄、瘫痪）的母猪。
	患传染性疾病且无治疗价值的母猪。

检查清单：

1.对于猪场而言，母猪淘汰工作要在配种前完成。

2.初产母猪不能根据产仔数进行淘汰。

3.健康母猪保留时间越长越好，但在繁殖性能下降时就应淘汰。

Ⅲ-7.3 母猪日常饲养管理检查清单

检查清单	正常表现	异常表现
采食	母猪安静	假咀嚼，不安（采食不足）
饮水器	充足（>2.5L/min）	烦躁，尿液呈深色（饮水不足）
温度	15～22℃	卷缩或呼吸急促（过低或过高）
被毛	光滑、顺畅、无疥螨	杂乱
行走	肢蹄表现正常	裂蹄、关节肿大、跛行
外伤	无明显外伤	出现伤情
体况	符合体况标准	肥胖或消瘦（饲喂不当）
粪便	湿润，呈堆状	便秘
呼吸频率	平缓	急促（疾病、发热）
躺姿	平躺，腿向外伸展	腹卧、侧卧、坐着、弓背

注：及时发现异常情况，及时挽救，减少不必要的损失。

Ⅲ-7.4 母猪体况评分与管理

项目	1分	2分	3分	4分	5分
脊柱	明显可见	触摸感觉明显	稍微用力可感觉	较大力可感觉	很难触摸到
尾根周围	有深凹	有浅凹	没有凹	没有凹，有脂肪层	看不见尾部周围的凹陷区
盆骨	明显可见	可见但不明显	看不见，但触摸时可感觉到	需用力按才感觉到	触摸不到
对应背膘厚（mm）	<15	15～17	17～20	20～23	>23

检查清单：

1.母猪体况评分虽然存在一定的不精确性和主观性，但可以帮助猪场快速发现母猪体况的变化程度。

2.实时监测母猪体况，不同阶段母猪体况要求不同，生产中应根据母猪体况调整饲喂量。

3.配种妊娠阶段最好每周监测（或定点监测：配种时、妊娠第30天、妊娠第70天、分娩前等）。

4.将母猪体况调整均匀，符合生产效益最大化要求。

5.淘汰体况差异大的母猪，有利于生产性能整齐，减少不必要的饲料等资源浪费。

Ⅲ-7.5 母猪发情配种管理

Ⅲ-7.5.1 空怀（后备）母猪查情操作清单

项目	操作清单
确定母猪	查看母猪档案卡，确定要查情的母猪（集中饲养）。
五步查情法	将公猪赶进栏（后备母猪）或让公猪在过道与母猪充分接触（经产母猪），观察母猪表现，重点关注对公猪有反应的母猪，按五步查情法对重点母猪进行查情。 第一步：公猪与母猪口、鼻接触。 第二步：按摩母猪乳房或腹侧肋部或用膝盖顶住母猪的侧腹股沟。 第三步：握拳按摩母猪阴户。 第四步：对母猪腰荐部进行按压。 第五步：人倒骑在母猪背上。
记录	确定发情的静立母猪，注意观察发情前期母猪，并做好记录，以备在下次查情时重点关注。
同期饲养	准确记录发情的后备母猪，做同期饲养，即将同一时期发情的母猪合圈饲养，便于管理和节省人力。
配种时间推断	确定发情母猪产生了静立反应，根据母猪类型和断配间隔计算母猪准确的配种时间。

Ⅲ-7.5.1.1 母猪查情检查清单

编号	检查清单
1	对母猪进行查情时必须使用公猪，公猪通过气味、接触、声音给母猪信号，刺激母猪初情启动，表现则更为明显的静立反应，配种时刺激子宫收缩。
2	注意人身安全，如使用挡猪板、不对公猪有过激行为等。
3	查情时要使用性欲较强的公猪（成年公猪），但年龄不能太大、体重不能太大（对母猪是负担），否则性欲可能降低。
4	查情公猪需与母猪隔离饲养。
5	早晚各查情一次，每次查情最好更换查情公猪，可提高查情效率。
6	如果有风，需要从下风向开始查情，降低对后面查情母猪的影响。
7	切忌查情开始就按压母猪背部，而应该效仿公猪的行为（采用五步查情法）。
8	公猪爬跨后备母猪要及时制止。
9	保证查情公猪每2周左右交配1次，对保持公猪性欲及兴奋性很重要。
10	对护理母猪不查情。

（续）

编号	检查清单
11	重点关注快到第3情期的后备母猪，做到及时配种。
12	多头公猪同时查情可提高效率（注意公猪每次查情的母猪数量不能超过4头，否则对查情效果会有影响）。
13	查情的最佳时间为喂料后30min母猪开始安静时。

Ⅲ-7.5.2　空怀母猪发情鉴定

阶段	检查清单
发情前期	兴奋不安，对周围环境敏感，但不接受爬跨。
	外阴轻微红肿，颜色变深（由淡红色变为红色），初产母猪更明显。
	阴道分泌黏液，黏度逐渐增加。
发情期	按腰不动，表现静立，接受爬跨。
	阴部红肿明显，红色开始减退。
	分泌物变浓厚，黏度增加。
发情后期	阴户完全恢复正常，不允许公猪爬跨。

Ⅲ-7.6　空怀母猪催情方案

项目		操作清单
公猪催情		将待配母猪关在邻近公猪的栏中饲养。
		让成年公猪在待配母猪栏中追逐5～10min（后备母猪）或3～5min（经产母猪）。
适度刺激	发情母猪刺激	将不发情母猪与刚断奶母猪混栏饲养，相互爬跨有利于刺激排卵。
	混栏	每栏放5头左右，要求体况及体重相近，每日用公猪催情。
	移栏	移动母猪栏位。
	运动	一般放到专用的运动场（1d），有时间可作适当驱赶。
	饥饿	对于肥胖母猪，适当控料3～5d（日喂1kg左右），保证充足的饮水，然后自由采食。
环境	温度控制	保持哺乳舍与配种舍温差很小（相近）。
	光照控制	分娩舍和配种舍保证充足光照（＞16h/d，200lx）。

（续）

项目		操作清单
激素催情	PG600	后备母猪超过8.5月龄或母猪断奶后长时间（28d）不发情，用PG600等催情一次（慎用）。

检查清单：
1.催情公猪必须是性欲强、气味重的成熟公猪，建议经常更换催情公猪。
2.用公猪催情必须注意时间把握，时间过长既对母猪造成伤害，也会影响公猪性欲及以后配种。
3.母猪断奶后前3d每头给予100～150g/d的葡萄糖，对断奶母猪发情有利。
4.断奶母猪快速发情要素：
　A.配种舍环境（温度）与分娩舍相近（相差很小）。
　B.断奶当天开始，公猪每天在母猪面前出现30min。
　C.保证充足的光照时间（16h）（断奶前1周、配种舍）。
　D.保证适宜的体况，否则容易出现二胎综合征。
　E.保证断奶后有充足的采食（自由采食），必要时添加催情药物。
　F.减少不必要的应激，过大或长期应激对母猪排卵不利。
　G.断奶后不建议群养（避免应激），用限位栏饲养。

Ⅲ-7.7　配种管理

Ⅲ-7.7.1　配种时机的把握

母猪种类	发情静立时间	配种
后备母猪、超期母猪（断奶超过7d未配种）、返情母猪	上午	当日上午、当日下午
	下午	当日下午、次日上午
经产母猪（3～7d）	上午	当日下午、次日上午
	下午	次日上午、次日下午

注：后备母猪往往发情表现不明显，很难找到静立反应，容易错过发情配种的最佳时机。

Ⅲ-7.7.2　配种前检查

项目		检查清单
母猪表现	健康	健康状况良好（不会太瘦、没有脚痛症状、不生病）的母猪，如果有上述症状，则必须先完全治愈后才能够进行配种，以降低配种后的淘汰率，因为这会影响到分娩率及产仔数。
	稳定	必须表现稳定，不稳定（或不明显）的母猪不参加配种。
配种要求	判断	重要指标是阴户颜色。当阴户内侧的深红色刚刚消失且不再出现，同时母猪可在公猪前呆立2min，就是输精的最佳时机。

（续）

项目		检查清单
配种要求	判断	由于部分后备（初产）母猪发情静立反射不明显，故应以外阴颜色、肿胀度、黏液变化来综合判断适配时间，静立反射仅作参考。
	异常	超期发情（≥8.5月龄）、用激素处理、断奶后≥7d发情、空怀、返情的母猪，发情时即配种。
		母猪流产后10d内发情时不能配种，应推至第2情期。
	次数	尽量减少3次配种，否则增加母猪生殖道受伤害的机会，以及伤害正在熟化的精子。
		若第3次配种时母猪仍有静立反应，则要配种3次；若在第3次配种时母猪已经不稳定，那么只需要配种2次。

Ⅲ-7.7.3　配种前准备

项目		准备清单
时间选择	配种时机	选择凉爽天气进行，高温时配种应选择7：00前、17：00后；发情后8～12h。
公猪刺激	成年公猪	性欲旺盛、气味较浓，配种前站在待配母猪前面（引起输精时子宫收缩）。
		每头公猪配4～5头母猪，由2个配种员操作，使用隔板。
用具准备	输精管选择	经产母猪：用海绵头输精管。
		后备母猪：用尖头输精管。
	其他用具	有润滑剂、针头、毛巾、一次性卫生纸、刷子、消毒液、压背沙袋或配种架等。
		将所有配种用具置于同一手推车内，便于随时使用。
人员准备	人员要求	配种经验熟练，态度端正。
	消毒	不留指甲，配种前手要清洗、消毒。
精液准备	首配精液选择	新鲜精液。
	复配精液	3d内精液。
	精子活力检查	活力低于0.65的精子弃用。
	精液运输	保温箱中保存（17℃），轻拿轻放，忌激烈振荡。

Ⅲ-7.7.4 配种操作

项目	步骤	操作清单
输精过程	刺激母猪	输精前用五步查情法对母猪进行刺激。
	母猪清洗	用清水清洗母猪外阴与后躯，清洗顺序由内向外；注意纸巾卫生，一次性纸巾不可多次反复使用。
	输精管处理	手不准接触输精管前部2/3，并涂上对精子无害的润滑剂（中性）。
	插输精管	左手撑开外阴（食指、中指垫在阴户底部，拇指与无名指将外阴撑开），先斜向下45°插入，再斜上45°避开尿道口，逆时针推入，直到遇到较大阻力轻轻回拉有阻力即可，检查输精管是否锁定。
	取精液瓶	取出对应公猪精液，输精前将精液轻混匀。 被带到配种舍的精液必须当次用完（用前需计算好需要量）。
	排空气	倒骑在母猪背上（或压背），不时按摩母猪乳房、阴户，轻压输精瓶，将输精管中的空气排完。
	扎孔	用一次性针头斜向上45°于瓶底扎孔（防止针头接触精液导致污染），先用手指摁住针孔。
	输精时间	放平输精瓶，松开手指，通过观察精液流速来调整精液瓶高度，以控制输精速度（以3～5min输完为宜），其间不断刺激母猪敏感部位。
	输精完成后	将钉帽插入输精管尾部，将输精管尾部末端折入输精瓶中，持续按摩母猪背部。
输精后续处理	配种记录	每完成一头母猪配种应立即登记，如实评分（见输精评分表），并标注异常。
	清理输精管	配种结束后（或3～5min）将输精管顺时针轻拔出，集中收集处理。
	配种完成后	确保母猪安静、平和，并提供充足的光照及适宜的温度。
特殊处理	成绩较差时	第一次输精前3～5min，颈部肌内注射一次催产素20IU。
	配种后仍静立反应时	个别猪输精完后24h仍出现稳定发情，可再进行一次人工授精。
	排尿时	及时更换输精管。
	排粪时	禁止向生殖道推进输精管。

Ⅲ-7.7.5　配种操作评分

指标	评分		
	1	2	3
站立发情	差	一些移动	几乎没有移动
锁住程度	没有锁住	松弛锁住	牢固紧锁
倒流程度	严重倒流	轻微倒流	几乎无倒流

检查清单：

1.输精评分的目的在于如实记录输精时的具体情况，便于以后在返情失配或产仔少时查找原因，制定相应的对策及改进措施。

2.配种操作评分表（例）。

与配母猪	日期	首配精液	评分	二配精液	评分	三配精液	评分	输精员	备注
LY2014	8月4日	D321	333	D123	321	D432	323	XXX	
……									
……									
……									

　　具体评分方法：例如，一头母猪站立反射明显，几乎没有移动，持续牢固紧锁，有一些倒流，则此次配种的输精评分为332，不需求和。

Ⅲ-7.8　配种母猪妊娠鉴定

项目	要求
诊断目的	确定是否妊娠，减少母猪非生产天数
诊断方式	用B超仪
诊断时间	配种后第（21±3）天、（42±3）天、（63±3）天、（84±3）天

检查清单：

1.重视妊娠诊断，降低空怀率，返情率降低33%可使窝产仔数提高0.3头。

2.配种后尤其是配种后28d内，给母猪提供安静、平和的环境非常重要。

3.配种后约18d开始，每天用公猪查情2次，标记并重点关注出现发情表现的母猪。

4.尽早确定空怀母猪，减少非必需生产成本。

5.返情（规律性返情）主要发生在配种第18~24天，其次在妊娠36~48天或第56~68天。

III-7.9 母猪成功妊娠影响因素分析

因素	原因	检查清单
查情配种员	催情措施 发情检查 输精时间把握 输精技术	1.关注并重视人员因素对配种及母猪妊娠的影响。 2.要求配种员技术熟练、操作规范、态度端正。
公猪	精液质量	关注公猪舍环境及公猪的健康、营养等（慎用老龄公猪或过于年轻公猪）。
	精液处理、贮存	规范精液处理与贮存方法，避免与敏感因子接触（消毒）。
母猪	母猪体况差	保持母猪体况适宜（避免哺乳期掉膘严重）。
	应激（温度、移动）	确保母猪安静、平和，给其提供适宜的温度。
	疾病（发热）	关注母猪健康，及时处理表现异常的母猪（注意药物禁忌），注重免疫保健。
	光照（时间、强度）	保证母猪获得充足的光照时间和光照强度。

III-7.10 胚胎着床影响因素分析

因素		检查清单
饲料	采食量	配种至妊娠的第28天，日采食量控制1.8 ~ 2.0kg。
	营养	营养控制：DE 13.5MJ/kg，CP 13.0%，忌能量过高。
		补充青绿饲料。
环境	温度	保持配怀舍温度适宜（15 ~ 22℃即可），防止母猪受到慢性热应激。
	应激	保持配种母猪环境安静，避免移动。
霉菌毒素	玉米赤霉烯酮等	控制霉菌毒素污染，防止破坏雌激素与孕激素的平衡。
其他因子	饮水	保证饮水供应充足（水流速度＞2L/min）、干净，水温不宜过高。

检查清单：

1.所有的控制点就是维持孕酮和雌激素水平。

2.提高黄体酮水平的措施：配种后第2 ~ 3天注射复方黄体酮1mL（内含黄酮2mg等），并于第12 ~ 13天重复一个疗程；自配种之日起每周注射228mg β-胡萝卜素可提高着床率，添加酵母硒和维生素E、有机铬可降低胚胎死亡率和流产。

Ⅲ-7.11 母猪产仔数和返情影响因素分析

因素	原因	检查清单
排卵	卵子数量少或质量差	提高母猪配种前的营养（短期优饲），防止在哺乳期掉膘。
受精	受精不佳	核查配种员的工作情况或公猪状况。
胚胎死亡（0～35d）	疼痛或瘸腿	疼痛释放前列腺素会引起黄体溶解，威胁正常妊娠。
	转运应激	确保母猪安静、平和，尤其是在配种后前30d。
	喂料应激	定点喂料，控制喂料量，增加饱腹感。
	疥螨	保持母猪零疥螨，疥螨会引起母猪烦躁不安。
	环境不良	保持环境舒适，防止出现热应激（15～22℃）。
胎儿死亡（35d以后）	子宫内空间不足	胎儿过大、过多。
	疾病（发热）	及时治疗，持续时间越长越危险。

检查清单：
1.关注饲料（尤其是玉米、麸皮等）的霉菌毒素超标问题。
2.母猪返情最主要的原因在于受精管理差（人为因素最主要）。

Ⅲ-7.12 其他异常情况分析

项目	原因	检查清单
屡配不孕	排卵障碍	用促排或HCG处理，促进排卵（或卵巢囊肿用黄体酮处理一次，下次发情时再配种）。
	子宫炎症	先治疗，等下次发情时再配种。
流产	疾病	乙型脑炎病毒、细小病毒、弓形虫等感染，加强疫苗免疫。
	用药	妊娠期间超剂量使用地塞米松、安乃近等药物。
	饲料霉变	禁喂腐败、发霉的变质饲料。
	机械性损伤	撞击、跌倒、打架等机械性损伤。
	饲养管理不当	过度肥胖、长期便秘等。
乏情	季节性影响	出现高温高湿天气时，卵巢机能受到抑制，发情多出现延迟（夏季做好防暑降温工作）。
	胎龄	多见于初产母猪。
	膘情	哺乳期母猪掉膘严重将明显影响发情（加强哺乳期母猪营养，保持合理膘情）。

（续）

项目	原因	检查清单
乏情	饲养管理不当	断奶母猪及后备母猪配种前15d应自由采食。
	疾病	子宫炎、流脓。

检查清单：

1.对于无治疗价值的母猪，尽量在配种前淘汰。

2.不孕存在一定的季节性，与温度、光照等因素有一定关系，常发生在夏季与秋季。

3.夏季不孕，重点关注高温对公猪的影响。

Ⅲ-7.13 母猪预产期推算表

日/月	1	2	3	4	5	6	7	8	9	10	11	12
1	4-25	5-26	6-23	7-24	8-23	9-23	10-23	11-23	12-24	1-23	2-23	3-25
2	4-26	5-27	6-24	7-25	8-24	9-24	10-24	11-24	12-25	1-24	2-24	3-26
3	4-27	5-28	6-25	7-26	8-25	9-25	10-25	11-25	12-26	1-25	2-25	3-27
4	4-28	5-29	6-26	7-27	8-26	9-26	10-26	11-26	12-27	1-26	2-26	3-28
5	4-29	5-30	6-27	7-28	8-27	9-27	10-27	11-27	12-28	1-27	2-27	3-29
6	4-30	5-31	6-28	7-29	8-28	9-28	10-28	11-28	12-29	1-28	2-28	3-30
7	5-1	6-1	6-29	7-30	8-29	9-29	10-29	11-29	12-30	1-29	3-1	3-31
8	5-2	6-2	6-30	7-31	8-30	9-30	10-30	11-30	12-31	1-30	3-2	4-1
9	5-3	6-3	7-1	8-1	8-31	10-1	10-31	12-1	1-1	1-31	3-3	4-2
10	5-4	6-4	7-2	8-2	9-1	10-2	11-1	12-2	1-2	2-1	3-4	4-3
11	5-5	6-5	7-3	8-3	9-2	10-3	11-2	12-3	1-3	2-2	3-5	4-4
12	5-6	6-6	7-4	8-4	9-3	10-4	11-3	12-4	1-4	2-3	3-6	4-5
13	5-7	6-7	7-5	8-5	9-4	10-5	11-4	12-5	1-5	2-4	3-7	4-6
14	5-8	6-8	7-6	8-6	9-5	10-6	11-5	12-6	1-6	2-5	3-8	4-7
15	5-9	6-9	7-7	8-7	9-6	10-7	11-6	12-7	1-7	2-6	3-9	4-8
16	5-10	6-10	7-8	8-8	9-7	10-8	11-7	12-8	1-8	2-7	3-10	4-9
17	5-11	6-11	7-9	8-9	9-8	10-9	11-8	12-9	1-9	2-8	3-11	4-10
18	5-12	6-12	7-10	8-10	9-9	10-10	11-9	12-10	1-10	2-9	3-12	4-11
19	5-13	6-13	7-11	8-11	9-10	10-11	11-10	12-11	1-11	2-10	3-13	4-12

（续）

日/月	1	2	3	4	5	6	7	8	9	10	11	12
20	5-14	6-14	7-12	8-12	9-11	10-12	11-11	12-12	1-12	2-11	3-14	4-13
21	5-15	6-15	7-13	8-13	9-12	10-13	11-12	12-13	1-13	2-12	3-15	4-14
22	5-16	6-16	7-14	8-14	9-13	10-14	11-13	12-14	1-14	2-13	3-16	4-15
23	5-17	6-17	7-15	8-15	9-14	10-15	11-14	12-15	1-15	2-14	3-17	4-16
24	5-18	6-18	7-16	8-16	9-15	10-16	11-15	12-16	1-16	2-15	3-18	4-17
25	5-19	6-19	7-17	8-17	9-16	10-17	11-16	12-17	1-17	2-16	3-19	4-18
26	5-20	6-20	7-18	8-18	9-17	10-18	11-17	12-18	1-18	2-17	3-20	4-19
27	5-21	6-21	7-19	8-19	9-18	10-19	11-18	12-19	1-19	2-18	3-21	4-20
28	5-22	6-22	7-20	8-20	9-19	10-20	11-19	12-20	1-20	2-19	3-22	4-21
29	5-23		7-21	8-21	9-20	10-21	11-20	12-21	1-21	2-20	3-23	4-22
30	5-24		7-22	8-22	9-21	10-22	11-21	12-22	1-22	2-21	3-24	4-23
31	5-25		7-23		9-22		11-22	12-23		2-22		4-24

注：预产期以妊娠114d计算。

4.5　哺乳母猪管理清单

Ⅳ-1　哺乳母猪饲养目标

项目	指标	目标
母猪采食量最大化	哺乳期（25d）总采食量（kg）	＞160
	哺乳期日均采食量（kg）	＞6
维持母猪良好体况	断奶体况（分）	2.5～3.0
	断奶背膘厚P_2（mm）	17～19
	哺乳失重（kg）	＜15
	哺乳背膘损失（mm）	＜3

（续）

项目	指标	目标
仔猪断奶重及存活率最大化	25日龄断奶重（kg/头）	＞8
	存活率（%）	＞95

注：1.母猪高产就意味着高利润。

2.优秀的生产成绩从产房开始。

Ⅳ-2　哺乳母猪生产指标

指标	目标
仔猪成活率（%）	＞95
转入保育舍仔猪合格率（%）	＞94.5
母猪哺乳期（d）	21～25
断奶仔猪均重（kg）	21日龄仔猪＞6.5
	25日龄仔猪＞8
母猪早断率（%）	≤3.0
PSY（头）	＞24

检查清单：

1.母猪产后子宫恢复好，可以再次使用之前至少需要3周，因此在21d前断奶并不明智。

2.关注仔猪的初生重，初生重直接影响仔猪在哺乳期的存活率、断奶重及整个生长周期的饲料利用率。

3.不要过早使用前列腺素进行催产，临产前胎儿每天增重高达60g对仔猪成活率非常重要。

Ⅳ-3　哺乳母猪栏舍设施

项目	指标	要求
分娩舍	建筑结构	全密封的钢结构，天花板高约2.45m，屋顶用隔热材质。
	通道	纵向中间通道宽1.0～1.2m，两侧通道宽0.8m。
通风系统	风机或风扇	正常运转，功率选择与栏舍跨度匹配。
	卷帘布	PE材质或者其他同等类型材料，厚≥0.4mm，每平方米重≥250g。

（续）

项目	指标	要求
降温系统	风机或风扇	正常运转，风机转速与产房构造相匹配，垂直通风。
	水帘	面积与风机功率及栏舍构造匹配。 厚150mm，自然吸水率≥12mm/min，抗张力≥70N（干），每立方米重≥150g。
	滴水管	正常运转，安装于母猪头颈部位置。
栏位系统	产床（高架漏缝）	面积（m²）：3.5～4.2。 长×宽×高（m）：2.5×1.8×0.5。
	漏缝地板	母猪地板：铸铁材质。 仔猪地板：PVC塑料漏缝板。
	保温箱	保温地板（35mm的PVC板）、保温灯等设施。
饮水系统	自动饮水器（2个/栏）	母猪：大号碗式饮水器，高65～75cm。 仔猪：小号碗式饮水器，高10～15cm。
	水流速度（L/min）	母猪：2.5～3.0。 哺乳仔猪：0.5～1.0。
	保健桶	清洁干净（定时清理），容积约100L。

检查清单：

1.各季节均采取垂直通风。

2.夏季开启水帘，用新鲜空气降温；冬季关闭水帘，新鲜空气由天花板小窗进入猪舍，污气由风机抽走。

IV-4 哺乳母猪营养

IV-4.1 哺乳母猪营养需求

项目	《中国猪饲养标准》（NY/T 65—2004）	NRC（2012）	推荐
消化能（kcal/kg）	3 297	3 388	3 300～3 350
粗蛋白质（%）	17.5～18.0	16.3～19.2	17.5～18.0
钙（%）	0.77	0.60～0.80	1.02～1.2
总磷（%）	0.62	0.54～0.65	0.72
有效磷（%）	0.36	0.26～0.33	0.42

（续）

项目	《中国猪饲养标准》（NY/T 65—2004）	NRC（2012）	推荐
赖氨酸（%）	0.88 ~ 0.94	0.83 ~ 1.00	0.95
蛋氨酸（%）	0.22 ~ 0.24	0.23 ~ 0.27	0.21 ~ 0.25
蛋氨酸＋胱氨酸（%）	0.42 ~ 0.45	0.46 ~ 0.55	0.45 ~ 0.50
苏氨酸（%）	0.56 ~ 0.60	0.56 ~ 0.67	0.52 ~ 0.58

注：1.《中国猪饲养标准》（NY/T 65—2004）中，各营养指标考虑母猪分娩时体重、哺乳期失重、带仔数等。对于哺乳期失重与带仔数较多的母猪，营养需求则应相应增加。
2.NRC（2012）中，考虑母猪胎次、产后母猪体重、窝产仔数及仔猪预计日增重等，各营养指标相应不一。

IV-4.2 哺乳母猪饲喂参考方案

分娩时间	日饲喂量（kg/头）	参考标准	饲喂方式
分娩当天	1.0 或不喂		
第2天	2.0 ~ 2.5		
第3天	3.0 ~ 3.5	经产母猪：日增加0.5 ~ 1.0kg/头 初产母猪：日增加0.5kg/头	适当控料，逐步增加
第4天	4.0 ~ 4.5		
第5天	5.0 ~ 6.0		
第6天至断奶	6.0 ~ 8.0	经产母猪：2.0+0.5×带仔数（7 ~ 8kg/d） 初产母猪：1.5+0.45×带仔数（6 ~ 7kg/d）	自由采食

检查清单：
1.根据母猪预产期，对母猪做好标识，便于饲养员观察及进行喂料管理。
2.分娩后前5d逐渐增加饲喂量，因为此时母猪处于产后恢复阶段，食欲较差；但要防止过度饲喂，否则会增加仔猪消化性腹泻。
3.断奶当天，母猪按照正常饲喂和饮水，不建议减料，尤其是对于失重较大的母猪。
4.每天都要检查一次待产母猪的健康状况，对于有生病症状的母猪必须马上治疗。同时要关注母猪气喘问题，因为母猪气喘会导致死胎数增加及母猪没有乳汁、产后子宫炎等。
5.必须保证母猪足够的采食量，尤其是足够的饮水（1头3周龄的仔猪每天约需要1L乳汁，1L乳汁中约含70g脂肪、52g蛋白质及55g乳糖）。

IV-4.3 哺乳母猪饮水控制

项目	指标	要求
饮水要求	水流量（L/min）	2.5 ~ 3.0（仔猪：0.5 ~ 1.0）

（续）

项目	指标	要求
饮水要求	饮水量（L/d）	18～30
	每千克饲料耗水量（L）	6～8
	饮水器高度（cm）	65～75（仔猪：10～15）
	饮水器类型	母猪：大号碗式饮水器 仔猪：小号碗式饮水器
水质要求	pH	5～8
	大肠杆菌数（个/L）	<100
	其他细菌数（个/L）	<105

检查清单：

1.高度重视母猪饮水，饮水不足能直接降低母猪的采食量。

2.定期检查饮水管线及水压，保持母猪饮水器适宜的水流量。水流量过大会影响舍内湿度，容易造成产床潮湿及仔猪腹泻，水流量过小将导致母猪饮水不足。

3.寒冷季节，猪饮水的适宜温度为：哺乳母猪25～28℃，哺乳仔猪35～38℃。

4.产房（产床）干燥对饲养管理非常重要，哺乳舍建议使用防溅碗式饮水器，可减少因母猪戏水造成的栏舍潮湿。

5.定期检测水质，要求符合《畜禽饮用水水质》（NY 5027—2001）标准。

IV-5 哺乳母猪舍环境控制及哺乳母猪健康管理

IV-5.1 哺乳母猪舍环境控制

IV-5.1.1 哺乳母猪舍温湿度控制

项目	阶段	最适温度（℃）	温度控制范围（℃）	最适湿度（%）
母猪	分娩后1～3d	24～25	23～25	60～70
	分娩后4～10d	21～22	20～22	
	分娩10d后	18～22	18～22	
仔猪	新生仔猪	35	32～38	
	2周龄仔猪	30	28～32	
	3～4周龄仔猪	28	24～30	

检查清单：

1.产房温度要兼顾母猪舒适与仔猪保暖需要。

2.仔猪的适宜温度通过保温灯调节：出生后第1周用200～250W灯泡，1周后调整保温灯高度，更换保温灯（用150W的灯泡）。

3.保持栏舍干燥对产房非常重要，减少产房水冲的次数，尤其是产后第1周不能用喷雾降温。

4.定期检查产房温湿度，确保准确无误。

5.滴水降温时要确保风速适宜（0.2m/s），安装于母猪颈部位置，确保不淋湿仔猪，同时注意流速。

6.关注母猪呼吸频率，出现气喘时应及时检查饮水或采取有效的降温措施（如用滴水降温）。

目标：给仔猪一个温暖的保温箱，给母猪一个凉爽的侧卧环境。

IV-5.1.2　哺乳母猪舍通风控制

项目	季节	标准
风速（m/s）	冬季	0.15
	春、秋季	0.15
	夏季	1.5
换气量[m³/（h·kg）]	冬季	0.30
	春、秋季	0.45
	夏季	0.6

IV-5.1.3　哺乳母猪舍有害气体控制

指标	要求
氨气（mg/m³）	≤ 20
硫化氢（mg/m³）	≤ 8.0
二氧化碳（mg/L）	≤ 1 300
粉尘（mg/m³）	≤ 1.5
有害微生物（万个/m³）	≤ 4.0

IV-5.1.4　哺乳母猪舍光照控制

项目	要求
光照时间（h）	14 ～ 16
光照强度（lx）	250 ～ 300

检查清单：

1.保持栏舍通透，增加自然光照时间。

2.延长人工光照时间，尤其是晚间采食前后。

3.提供充足的光照有利于哺乳母猪采食、泌乳及断奶后发情。

4.分娩舍夜间保持光照有利于母猪泌乳及仔猪觅食。

5.断奶前保证16h的光照时间有利于母猪断奶后发情。

IV-5.2 哺乳母猪健康管理

IV-5.2.1 哺乳母猪霉菌毒素控制

霉菌毒素种类	最高允许量（μg/kg）	影响
黄曲霉毒素	＜20	1.母猪采食量降低，甚至拒绝采食。
呕吐毒素	＜1 000	2.泌乳量减少，乳汁质量降低，仔猪生长受阻。
玉米赤霉烯酮毒素	＜200	3.累加效益，影响母猪繁殖性能。
赭曲霉素A	＜100	4.阴户红肿，肛门（直肠）或子宫脱垂。
T-2毒素	＜500	5.便秘（内毒素引起乳汁质量降低）。

IV-5.2.2 哺乳仔猪免疫参考程序

免疫时间（d）	疫苗名称	免疫剂量	使用方法	免疫方式
3	猪伪狂犬病活疫苗	0.5头份	滴鼻	选择免疫
7	猪支原体肺炎疫苗	1头份	肺部注射	选择免疫
14	猪繁殖与呼吸综合征灭活疫苗	1头份	颈部肌内注射	选择免疫
	猪圆环病毒病疫苗	1mL	颈部肌内注射	选择免疫
21	猪瘟弱毒疫苗	1头份	颈部肌内注射	强制免疫
	猪口蹄疫疫苗	1mL	颈部肌内注射	强制免疫

检查清单：

1.免疫程序应根据猪场的自身情况和周边疫情作出相应调整，切勿盲目。

2.疫苗毒株选择应有针对性。

3.所有疫苗必须有国家标准批准文号。

IV-5.2.3 哺乳母猪健康监测

项目	监测清单
空栏清洗、消毒	合格标准：产房空栏清洗、消毒后，猪流行性腹泻病毒检测阴性。 异常检测：产房空栏清洗、消毒后，猪流行性腹泻病毒检测阳性。
初乳检测	合格标准：母猪产后24h内，按照单元20%比例采集乳汁进行sIgA抗体检测。sIgA抗体＞0.8且占比在60%以上。 异常检测：母猪产后24h内，按照单元20%比例采集乳汁进行sIgA抗体检测。sIgA抗体＞0.8且占比在60%以下。
哺乳仔猪腹泻粪便检测	合格标准：对单元内仔猪腹泻病料进行猪流行性腹泻病毒检测，阴性。 异常检测：对单元内仔猪腹泻病料进行猪流行性腹泻病毒检测，阳性。

IV-6 分娩舍绩效考核

指标	绩效方案	备注
转入保育舍合格仔猪数超出部分	10元/头	=（转入保育舍合格仔猪数–10）×10
仔猪存活率=95%	300元/月	每增加1%，奖励200元
仔猪存活率=90%	–100元/月	每降低1%，扣100元/次
断奶母猪无炎症	100元/月	以母猪配种前统计为准
数据管理	100元/月	未按要求执行，扣100元
全勤奖	300元/月	当月有休假，无全勤奖
母猪无报备死亡	–100元/头	—

IV-7 哺乳母猪饲养管理

IV-7.1 母猪乳房管理

IV-7.1.1 母猪乳房评估

项目		评估清单
目的		根据母猪乳房情况，确定母猪泌乳及带仔能力。
时间		分娩前、分娩后。
评估指标	乳房颜色	正常乳房颜色为淡粉红色，乳头基部为鲜红色。
	乳房饱满度	乳房饱满红润，站立时成漏斗状，躺卧有凹凸感，用手触摸正常乳房应坚实。
	乳头	间距：相邻乳头间距10～15cm，两排乳头间距20～25cm。 长度：正常乳头长1～1.5cm，挺立，大小适中。
	有效乳头数	6～9对。 标准：无内翻、损伤，两根乳导管能正常分泌乳汁。

Ⅳ-7.1.2 异常乳房分析

项目		检查清单
乳腺炎	表现	乳头和乳房潮红，乳房肿胀，用手触摸时发硬并局部发烫。
		伴随发热（40～41℃），转为慢性时基本恢复常温。
		母猪趴卧，拒绝放奶，不食或少食。
		仔猪消瘦，焦躁（乳汁少、营养浓度下降）。
		从乳房可挤出黄绿色水样乳或乳絮，严重时可挤出脓汁（脓性乳腺炎）。
	诱因	由器械损伤、地面粗糙磨损损伤引发感染。
		被仔猪咬伤引发的感染。
		饲喂不当（产后补饲过早），引起乳房乳管堵塞，乳汁滞留。
		环境卫生差、湿度大，细菌感染（链球菌、葡萄球菌、大肠杆菌等）。
		体内带毒（一般母猪妊娠后期体液失衡比较普遍），体内毒素排泄不畅。
	防治	加强饲养管理，加强母猪运动。
		保持环境卫生、干净、干燥，定期对用具及栏舍进行消毒，及时清理粪尿等污物。
		科学饲养：饲料营养均衡，饲喂合理。
		及时检修圈舍栏杆，防止乳房外伤的发生。
		仔猪出生后及时护理，给仔猪固定乳头，24h内断牙以防咬伤母猪乳头而继发感染。
乳房水肿	表现	乳房肿块（肿大）。
		缺乏弹性（用手指按压存在明显痕迹）。
	诱因	缺乏运动（分娩前），影响母猪的血液循环。
		饲养不科学：饲料营养缺乏或不平衡，产前7～10d饲喂水平过高，摄入纤维过少，导致便秘。
		冬季母猪长期睡在寒冷的水泥地面上，腹部血液循环障碍诱发乳房水肿。
	防治	妊娠后期加强母猪运动（地面栏饲喂）。
		使用营养均衡的饲料，减少母猪便秘。
		加强饲养管理，保持环境卫生、舒适，减少应激。

IV-7.2 分娩母猪体况（背膘）管理

项目	标准
目的	通过背膘，判断母猪体况，调整饲喂方案，达到最佳生产性能。
时间	临产时（约妊娠第110天）、断奶时（约哺乳第25天）。
目标背膘	临产时，20 ~ 22mm。 断奶时，17 ~ 19mm。
背膘管理黄金准则	妊娠体重增加（＞20kg） 背膘增加（＞4.0mm） 哺乳失重（＜15kg） 哺乳背膘降低（＜3mm）
哺乳失重对生产性能影响	失重每增加10kg： 仔猪断奶体重减少0.5kg。 下一胎产仔数减少0.5头。 断奶发情时间增加3d。 至少需要50kg的饲料来恢复体重（膘情）。 母猪淘汰率提高10%以上（对头胎的影响尤其大）。

IV-7.2.1 分娩母猪体况管理的重要性

体况	影响	管理清单
肥胖	产程长、难产增加 死胎多 食欲差（消耗自身脂肪） 乳房发育差（泌乳降低20%）	1.妊娠期按胎次进行分组饲喂。 2.母猪用单体限位栏饲喂。 3.限制妊娠期的饲喂量（前提要保证基本营养需求）。
瘦	发情延迟 卵子质量差、少 下一胎产仔少 更容易返情（尤其是第1胎母猪）	1.提高哺乳期的采食量（饲料适口性、温度适宜）。 2.青年母猪控制带仔数（10 ~ 11头）。 3.母猪明显消瘦时立即断奶（前提哺乳＞21d）。 4.断奶后加强饲料营养。 5.严重瘦母猪，错过一个情期再配种。

Ⅳ-7.2.2　母猪背膘测定

项目	操作清单
准备工作	有背膘测定仪、卷尺、耦合剂、润滑油、剃毛刀、记号笔、卫生纸、记录表。
操作流程	1.查看母猪记录卡，记录母猪耳号、胎次。 2.首先对所测定母猪进行体况评分（参照母猪体况评分标准）。 3. P_2 点背膘厚度测定 （1）将母猪赶起，站立稳定。 （2）在母猪腹侧找到最后一根肋骨，沿肋骨向上寻找最后一根肋骨与脊椎骨的交叉点，垂直距背中线6.5cm，用记号笔做记录，此为 P_2 点，为背膘测定点。 （3）剃除母猪 P_2 点附近被毛。 （4）在 P_2 点处涂抹耦合剂或者植物油。 （5）左手拿背膘测定仪，拇指按下开关不放。 （6）右手拇指与食指拿稳探头，放于 P_2 点处，垂直于背部，其余三指放在母猪背部，起到稳定探头的作用，不能用力。 （7）当3盏指示灯全部亮起且数值稳定不变的情况下读取数值，数值即背膘厚度，并记录。

检查清单：

1.待测母猪必须站立，背平直。

2.P_2点必须按要求找准确，否则测定结果有偏差。

3.如母猪过肥，肋骨近背中线处不容易摸到，则在最后一根肋骨垂直背中线点向前2～3cm的点距背中线6.5cm为P_2点。

4.母猪背膘测定应与母猪体况评分相结合，提高精确性。

5.始终如一地关注母猪体况（定期进行体况评定），保持母猪阶段体况适宜。

6.将母猪体况恢复到标准状态是一个缓慢的过程，可能需要6～12个月，甚至更长时间。

7.当母猪开始明显消瘦时进行断奶，但尽量不要低于21d。

Ⅳ-7.3　母猪进产房前准备

项目	内容	准备清单
产房准备	清洗、消毒	1.断电（保温箱插座防水处理），清除栏舍中的余料、杂物等。 2.浸泡（0.25%洗衣粉或3%～5%氢氧化钠溶液）10～30min。 3.冲洗干净地板、保温箱、管线、料槽、风机等上的所有可见污物。 4.干燥后消毒（市售消毒剂，安说明书配制），静置24h。

（续）

项目	内容	准备清单
产房准备	清洗、消毒	5.熏蒸消毒（每升消毒液的成分及用量：$KMnO_4$：甲醛：水=15g：30mL：15mL），12 ~ 24h，密闭，保持栏舍湿润，温度控制在20℃以上。
		6.用石灰乳（20% ~ 30%）粉刷栏舍及墙体，通风干燥（24 ~ 48h）。
	空栏时间	空栏5 ~ 7d，保持栏舍干爽。
设备检查	饮水器	检查饮水器正常，水流是否达标，饮水管线及饮水器应清洁、消毒。
	栏舍卫生	彻底清洗、消毒、干燥，清理干净杂物等。
	其他	检查风机、水帘、滴水管等降温设备是否正常运转。
		栏位、保温箱是否完好无损。
母猪准备	消毒	母猪上产床前应冲洗、消毒，产前2周进行驱虫（内外）。
	上产床时间	预产期前5 ~ 7d。

检查清单：

1.产房采用小单元饲养模式，保证100%全进全出对猪场生物安全非常重要。

2.熏蒸消毒的刺激性较大，操作时应注意人身安全，最好安排两人在场，并做好适当的防护（口罩），同时需保持地面湿润，根据栏舍面积按比例添加。

3.用石灰乳粉刷栏舍及墙面被证明是一种经济而又行之有效的方法。

4.冲洗栏舍时，添加清洁剂对污垢清除的效果更好，水温70℃或以上可将油污清洗得更干净。

IV-7.4 分娩接产

IV-7.4.1 分娩判断

特征	预计分娩时间	检查间隔
阴门红肿，有少量黏液，频频排尿，起卧不安、食欲下降	1 ~ 2d内分娩	每天检查1次
母猪乳房膨胀、潮红，中部乳头可挤出乳汁	12 ~ 24h内分娩	每8h检查1次
最后乳头可挤出乳汁	4 ~ 6h内分娩	每2h检查1次
排出少量胎粪或有羊水流出	30min内分娩	每1h检查1次

Ⅳ-7.4.2　接产准备

项目		准备清单
消毒用具	消毒液（高锰酸钾等）	清洗母猪尾根及阴户，消毒乳房
	水桶	装消毒水
	刷子	刷拭母猪尾根污物
	拖把	擦拭产床、保温箱
	碘酒	伤口（脐带、去势）消毒
接产用具	毛巾（干净，消毒）	擦拭仔猪口腔、全身黏液
	剪刀	剪脐
	扎脐绳	扎脐
	断尾钳	断尾（产后第2天断尾）
	干燥粉	干爽仔猪
	肥皂或润滑剂	助产时润滑手臂
保温用具	保温灯	保温，分娩启动时开启保温设施预热
	消过毒的保温垫	保温，减少仔猪的热损失
药品准备	口服液（抗生素）	灌服初生仔猪
	铁糖	给仔猪补铁
	母猪输液用药	母猪分娩输液、产后消炎

检查清单：

1.接产用具在母猪分娩前必须准备到位。

2.用具必须消毒，专舍专用，禁止不同产房用具交叉使用。

3.接产用具建议统一放到专门工具箱中管理。

4.剪刀、剪牙钳等使用后必须随时放到消毒液里，防止仔猪通过口腔、脐带感染。

Ⅳ-7.4.3　分娩接产

项目		接产操作清单
人员要求	专人专用	仔猪出生时必须有专门的人护理，并严格按照操作要求执行。
接产准备	环境控制	保持环境安静、凉爽。
	温度控制	分娩时提前打开保温灯，温度32～34℃（200～250W红外灯）。
	清洗、消毒	产前母猪用0.1% KMnO$_4$溶液消毒外阴、乳房及腿臀部，将产床清洗干净。

（续）

项目		接产操作清单
接产步骤	仔猪清理	清除新生仔猪口腔、鼻腔中的黏液，将体表擦拭干净。
	断脐	离脐孔2~3cm处结扎，用手术剪离结扎口1cm处剪断，断端及脐根部用5%碘酊消毒，连续3d。
	干燥	全身涂抹干燥粉，放置于预热保温箱。
助产方式	增加产力	第一时间给母猪补充能量（补液、缩宫素），增加其产力。 在母猪努责时挤压其腹部，增加腹压。
	难产判断	总产程超过4h。 单头间隔30min以上（第1~2头间隔超过1.5h），母猪呼吸急促，用力但无仔猪产出。
	人工助产	1.将指甲剪掉，保持其光滑。 2.用0.1% KMnO₄溶液清洗、消毒手臂及母猪后躯。 3.戴助产手套，并涂抹润滑剂（中性），避免助产手套接触其他物体。 4.助产时五指并拢，缓缓伸入产道，抓住仔猪的头部、上、下颌部或后腿，轻轻拉出。 5.助产后做好母猪的消炎工作（连续用药2~3d）。

检查清单：
1.分娩过程的启动就是仔猪死亡的开始，分娩时间越长则出生的仔猪越虚弱。
2.随着母猪产仔数的提高，分娩时间也在相应增加，帮助母猪快速分娩显得更加重要。
3.冬季（气温低时）建议在母猪身后悬挂保温灯，给刚出生仔猪加热（或垫麻袋）。
4.母猪分娩时应一直有接产人员守护在旁待产（至少每隔10~15min有人巡视一遍），避免不必要的死胎及难产发生。
5.接产的饲养员一定要密切关注分娩母猪的状况，减少难产、死胎等。
6.母猪超过预产期2d最好对其进行催产，根据猪场情况选择催产时间以选择分娩时间。
7.助产人员根据母猪努责情况用力，助产结束清洗、消毒母猪尾根部及外阴部。
8.助产结束后必须清理干净母猪、产床及分娩的污物。

IV-7.4.4 分娩指导表

指标	标准	备注
宫缩至产出第1头仔猪	2h	
第1~2头仔猪间隔	30min	>45min，助产
第1头自最后1头仔猪	3h（1~8h）	

（续）

指标	标准	备注
不同仔猪出生时间间隔	15min（1min至4h）	＞30min，助产
胎位比例	臀位：40%；头位：60%	
脐带断裂	35%	多见于最后1头，或缩宫素滥用母猪。
脐带干燥时间	6h（4～16h）	检查出血。
胎衣排完时间	分娩后4h（1～12h）	也可能出现在产仔过程中。

IV-7.4.5　与死胎有关的数据

项目	死亡原因	相关数据
死胎产生情况（%）	宫缩前的死亡率	约20
	分娩过程中或出生后的死亡率	约80
	产程最后1/3时间的死胎率	＞80
分娩时间对死胎的影响（%）	产程1h的死胎率	约2.5
	产程8h的死胎率	约10
仔猪产出时间（min）	正常时间	15～30
	死胎产出时间	45～60

注：1.头胎母猪所产第1头仔猪时死亡的概率大（产道不顺畅），老龄母猪产最后一头仔猪时容易出现死胎（产力不足）。

2.最后分娩的仔猪存活到断奶的概率＜50%。

3.出生前死亡与出生后死亡仔猪区别：真正的死胎其肺脏放入水中会快速下沉，出生后死亡的仔猪，由于肺部吸入空气，肺部下沉速度会相对更慢。生产者应根据仔猪产前或产后死亡的原因采取相应的应对措施。

IV-7.5　母猪分娩前后护理参考方案

项目	参考方案	目的
产前保健	产前给每头母猪注射长效阿莫西林10mL。	减少母猪产后感染风险，增强仔猪的抗病力。
分娩护理	第1瓶：0.9%氯化钠注射液500mL+鱼腥草30mL+林可30mL+地米5mL+阿莫西林3支（1g/支）+缩宫素3mL。	消炎、补液。
	第2瓶：10%葡萄糖注射液500mL+葡萄糖酸钙40mL+维生素B$_{12}$ 5mL+复合B族维生素10mL。	增加（能量）产力，缩短产程。
	第3瓶：甲硝唑注射液500mL。	抗菌、消炎（厌氧菌）。

（续）

项目	参考方案	目的
产后护理	1.母猪产后第2天，一次性深部肌内注射20%长效土霉素10mL或林可霉素10mL。 2.每千克体重肌内注射青霉素（2万IU）+鱼腥草20mL，连续3d。	加强消炎。

检查清单：

1.输液应该在产出至少3头仔猪后进行。

2.恶露一般在5d内排完。

3.连续清洗、消毒产后母猪外阴部（7d）。

4.无异常情况下，不建议冲洗产后母猪的子宫，有可能导致一些不干净的东西进入子宫。

5.随时监控母猪体温，尤其是产后母猪，对发热、不食的母猪要尽快采取处理措施，并紧密跟踪母猪后续的吃料情况。

6.及时清理干净产床上的粪便，保持产床干净、卫生。

IV-7.6　仔猪护理

IV-7.6.1　吃初乳及初乳采集

项目		操作清单
吃初乳	目的	让仔猪获得足够的母源抗体。
	时间控制	保证初生仔猪在出生后1h内（可自行站立）吃到足够的初乳。
	乳房清洗、消毒	仔猪吃初乳前必须消毒母猪乳房并挤掉前几滴乳汁。
	乳头固定	母猪放奶时需看护，分娩后前3d人工固定乳头，将弱小仔猪放在靠前的乳头处。
初乳采集	目的	避免初乳浪费，提高弱小仔猪的存活率。
	时间控制	母猪分娩当天。
	母猪选择	选择安静、泌乳好的3～5胎经产母猪，避免从初产母猪中采集初乳。
	乳头选择	每个乳头采集10～15mL，不能从单一乳头采集，最后2对乳头不采集。
	保存	保存：4～8℃中48h，冷冻需4周。
	使用	回温至39℃，用于灌服弱小仔猪。

检查清单：

1.注重初乳采集的重要性，尤其是使用缩宫素时。

2.关注最后出生仔猪摄取的初乳的量，最后出生仔猪所处的环境非常不利，不但身体虚弱，还有可能错过吃初乳的时间。

3.仔猪出生后6h内至少吮吸60mL初乳，16h内至少吮吸100mL初乳。

Ⅳ-7.6.2 剪牙与断尾

	项目	操作清单
剪牙	目的	避免咬伤母猪乳房及仔猪间打架而互相咬伤。
	时间控制	初生仔猪吃初乳6h后。
	操作方法	齐牙根剪除上下4对牙齿，避免剪碎牙齿及损失牙龈。
	消炎	灌服抗生素（阿莫西林），避免发生炎症。
断尾	目的	避免仔猪间互相咬尾，减少应激。
	时间控制	初生仔猪吃初乳6h后。
	乳头选择	距尾根3～4cm处进行断尾。
	止血消毒	用高锰酸钾溶液涂抹伤口处并进行止血。

注：提前剪牙将影响仔猪吮吸初乳，并且增加感染疾病的风险。

Ⅳ-7.6.3 并窝寄养

	项目	操作清单
并窝寄养	目的	保证窝仔数的均匀度，提高生产成绩。
	时间控制	出生6h后且日龄相差不要超过3d，寄养前先混群2h。
	寄养原则	先出生的仔猪向后出生的仔猪群中寄养时，则要挑体重小的仔猪寄养；后出生的仔猪向先出生的仔猪群中寄养时，要挑选体重大的仔猪寄养。
		留小寄大，留少拆多。
		体重较大的仔猪寄养给初产母猪。
		根据母猪体况及有效乳头（乳头数量、乳腺发育程度、乳房高低）合理分配仔猪。
		变动最小化，尽量减少太多可有可无的寄养。
		寄养前先混群1h，让仔猪间具有相似的气味。
	操作方法	母猪应激较大时可以在其鼻部喷涂抹气味较浓的消毒水。
		关注寄养仔猪的状况，以及母猪对寄养仔猪的情绪。

注：生产中要注视仔猪的寄养工作，这是保证获得生产均匀性的前提。

IV-7.6.4 补铁与灌服球虫药

项目		操作清单
补铁	目的	避免仔猪因缺铁性贫血造成的死亡。
	时间控制	出生后3d内（或7日龄进行第二次补铁）。
	剂量控制	150 ~ 200mg/头。
	针头选择	9号针头。
灌服球虫药	目的	减少仔猪感染球虫的概率。
	时间控制	出生后3d内。
	剂量控制	2mL/头（拜耳百球清）。

检查清单：
1.所有仔猪都必须补铁，以预防因自身铁源不足而造成贫血。
2.球虫药可根据猪场实际情况选择使用，球虫病发生严重的猪场必须灌服球虫药。

IV-7.6.5 去势与教槽

项目		操作清单
去势	目的	提高猪的生长速度及改善肉质。
	时间控制	以5 ~ 7日龄为宜（太小，睾丸易碎；太大，应激大，伤口恢复的速度慢）。
	操作方法	1.去势前，仔猪阴囊部及刀片用5%碘酊消毒。
		2.刀口不宜过大，能挤出睾丸切口即可。于阴囊偏下端切口，睾丸、附睾、精索需全部取出。
		3.采取两侧去势，避免内损伤。
		4.去势后用5%碘酊对伤口消毒，并持续观察伤口的恢复情况。
	注意事项	1.操作前观察猪的整体情况，精神状态不佳、疾病、弱小仔猪不去势。
		2.去势前后对产床进行清扫、消毒，降低伤口感染风险。
教槽	目的	教会仔猪采食固体饲料，为成功断奶做好铺垫。
	教槽成功标准	仔猪断奶前采食≥350g/头。
	时间控制	5 ~ 7日龄熟悉阶段，7 ~ 15日龄诱食阶段，16日龄至断奶为旺食阶段。
	操作方法	1日龄、5 ~ 7日龄：将教槽料撒在母猪乳房及保温箱内，让仔猪熟悉教槽料的气味及味道。
		7 ~ 15日龄：将教槽料少量撒在料盆内，干喂，4 ~ 6次/d，少喂勤添，保证教槽料新鲜。
		15日龄至断奶：干水料结合，料：水为3：1，4 ~ 6次/d，少喂勤添。

（续）

项目	操作清单
教槽　注意事项	1.饲料应保证适口性、消化性，达到营养标准。 2.及时清理料盆内余料及污物。 3.关注仔猪采食情况，对顽固不食仔猪要强制教槽。 4.关注教槽料的浪费情况。

检查清单（教槽）：
1.将料槽放于工作人员方便取用的位置，避免不必要地进出。
2.选择颜色鲜亮的料槽，放于光线明亮处，不得放置在保温灯下、加热板上。
3.将料槽放于母猪侧位，即母猪尿液喷溅不到的位置。
4.料槽位置应固定。
5.将料槽放于干净的区域，污浊的环境将使仔猪对教槽料不感兴趣。
6.湿法教槽将给仔猪一个更好的适宜教槽料的开始，在断奶及断奶过渡时将表现显著效果。
7.湿法教槽需要花费更多的精力护理与清洗料槽（频繁高度清洁），需要饲养员有更强的责任心。

IV-7.7　分娩过程常见问题

常见问题	检查清单
缩宫素滥用	死胎数增加（强直收缩）。 弱仔数增加（脐带断裂）。 子宫内膜炎的发生率增加（胎衣残留）。 病弱仔猪数增加（初乳损失）。
人工助产频繁	子宫损伤、感染概率增加。
难产、产程过长	产后不食（疼痛导致内分泌失调），无乳。 产死胎数增加（体力下降）。 子宫炎的发生率增加（子宫长时间开放，自净能力下降），不发情、返情。

IV-7.8　缩宫素使用常见问题

项目	检查清单	目的
禁用情况	顺产母猪	减少对催产素的依赖。
	子宫颈未张开（第1头仔猪未产出）母猪	易造成难产、产死胎。

（续）

项目		检查清单	目的
禁用情况		难产母猪，如骨盆狭窄、产道狭窄	易造成难产、产死胎。
		超量使用	导致子宫强烈收缩发生痉挛，产后子宫过度疲劳机能瘫痪，胎衣滞留引起子宫炎。
使用条件		产程过长（＞4h），前后间隔30min或以上；分娩结束后注射，有助于胎衣及恶露排出	减少难产、产死胎。 降低子宫炎症的发生风险。
注意事项	使用次数		≤3次/头，1h内不得超过3次。
	使用间隔		≥30min。
	使用剂量		0.5～1.0mL（5～10IU）。
	其他		保持产道顺畅。 有乳汁溢出时要收集。

IV-7.9　哺乳采食影响因素分析

影响因素	操作清单
环境温度过高（＞22℃）	保持母猪环境凉爽（15～22℃）。
过度肥胖	调整妊娠期母猪膘情，禁止过度饲喂。
分娩后喂料量增加太快	分娩后前1周饲喂量逐步增加。
饲喂方式不当	湿喂、多餐饲喂（3～4次/d）。
饮水不足	定期检查水管，保证母猪饮水充足，水温适宜。
疾病（发热、乳腺炎）	细心观察，及时治疗。
料槽饲料放置时间太长（发霉、发酸）	及时清理料槽内的余料，保证每餐饲料新鲜。
饲料变化（适口性差、换料）	分娩后禁止突然换料（如需换料分娩前过渡到位）。
产后炎症	做好母猪分娩及产后护理，检查确定分娩是否完全（胎儿、胎衣）。

注：特别关注哺乳母猪的饮水问题。

Ⅳ-7.10　仔猪断奶成功的关键条件

阶段	项目	检查清单
断奶时	健康状况	仔猪健康、活跃。
	教槽	成功的哺乳期教槽（有效采食量＞350g/头）。
	日龄与体重	足够的断奶日龄（＞21d）与体重（＞6kg）。
断奶后	饲料与饮水	容易找到可口、熟悉的饲料，以及充足、干净的饮水。
	环境	舒适（断奶后舍内温度＞28℃）。
	光照	充足的光照（连续3d，24h光照）。
	栏舍	清洁、干燥（保育舍）。
	不食仔猪护理	及时给予额外照顾。

4.6　保育仔猪管理清单

Ⅴ-1　保育仔猪饲养目标

保育仔猪生理特点	目标
体温调节能力差（抗寒能力差）	最大限度地降低断奶应激。
消化能力差	提高仔猪的成活率。
免疫能力差	保证仔猪正常生长。
生长发育快、物质代谢旺盛	减少疾病的发生。

Ⅴ-2　保育仔猪生产指标

项目	目标
存活率（%）	＞96
次品率（%）	＜2

（续）

项目	目标
70日龄体重（kg）	＞30
保育全程料肉比	＜1.5

V-3　保育仔猪舍硬件设施

项目	指标	要求
分娩舍	建筑结构	全密封的钢结构，天花板高约2.45m，屋顶用隔热材质。
	通道	纵向中间通道宽1.0～1.2m。
通风系统	风机或风扇	正常运转，功率选择与栏舍跨度相匹配。
	卷帘布	PE材质或者其他同等类型材料，厚≥0.4mm，每平方米重≥250g。
降温系统	风机或风扇	正常运转，风机转速与产房构造相匹配，垂直通风。
栏位系统	高架漏缝保育栏	10～12头/栏。
		面积：每10头占用面积为4m²（即2m×2m），头均面积0.3～0.5m²。
		围栏：35mm的PVC板。
		地板：PVC塑料漏缝板。
		有保温箱、保温板等保温设施。
饮水系统	自动饮水器	小号碗式或乳头饮水器，每10头配备1个，高15～30cm。
	水流	0.5～1.0L/min（前期0.5L/min、后期1.0L/min）。
	保健桶	清洁干净（定时清理），容积约100L。

注：夏季纵向通风，其他季节垂直通风。

V-4　保育仔猪营养

V-4.1　保育仔猪营养需求

V-4.1.1　保育仔猪营养需求——断奶过渡期

项目	《中国猪饲养标准》（NY/T 65—2004）	NRC（2012）	推荐
体重（kg）	3～8	5～7	6.5～10
消化能（kcal/kg）	3 349	3 542	3 400～3 500

（续）

项目	《中国猪饲养标准》（NY/T 65—2004）	NRC（2012）	推荐
粗蛋白质（%）	21.0	26.0	19.0 ~ 20.0
钙（%）	0.88	0.85	0.6 ~ 0.7
总磷（%）	0.74	0.7	0.65 ~ 0.75
有效磷（%）	0.54	0.41	0.4
赖氨酸（%）	1.42	1.7	1.5 ~ 1.6
蛋氨酸（%）	0.4	0.49	0.40 ~ 0.48
蛋氨酸+胱氨酸（%）	0.81	0.96	0.82 ~ 0.90
苏氨酸（%）	0.94	1.05	0.95 ~ 1.01

Ⅴ-4.1.2　保育仔猪营养需求——保育前期

项目	《中国猪饲养标准》（NY/T 65—2004）	NRC（2012）	推荐
体重（kg）	8 ~ 20	7 ~ 11	10 ~ 20
消化能（kcal/kg）	3 249	3 542	3 350
粗蛋白质（%）	19	23.7	18.0 ~ 19.0
钙（%）	0.74	0.8	0.6 ~ 0.7
总磷（%）	0.58	0.65	0.63 ~ 0.75
有效磷（%）	0.36	0.36	0.35 ~ 0.4
赖氨酸（%）	1.16	1.53	1.3 ~ 1.4
蛋氨酸（%）	0.3	0.44	0.35 ~ 0.42
蛋氨酸+胱氨酸（%）	0.66	0.87	0.72 ~ 0.80
苏氨酸（%）	0.75	0.95	0.85 ~ 0.95

Ⅴ-4.1.3　保育仔猪营养需求——保育后期

项目	《中国猪饲养标准》（NY/T 65—2004）	NRC（2012）	推荐
体重（kg）	20 ~ 35	11 ~ 25	20 ~ 30
消化能（kcal/kg）	3 199	3 490	3 300

（续）

项目	《中国猪饲养标准》（NY/T 65—2004）	NRC（2012）	推荐
粗蛋白质（%）	17.8	20.9	17.0 ~ 18.0
钙（%）	0.62	0.7	0.6 ~ 0.7
总磷（%）	0.53	0.6	0.6 ~ 0.7
有效磷（%）	0.25	0.29	0.30 ~ 0.35
赖氨酸（%）	0.9	1.4	1.2 ~ 1.3
蛋氨酸（%）	0.24	0.4	0.30 ~ 0.35
蛋氨酸+胱氨酸（%）	0.51	0.79	0.65 ~ 0.75
苏氨酸（%）	0.58	0.87	0.75 ~ 0.85

V-4.2　保育仔猪饲喂方案

阶段	饲喂方法	饲喂饲料	参考饲喂量（g/d）
断奶后第1周	限量饲喂、少喂勤添（4 ~ 6次/d）	维持原饲喂教槽料	350
断奶后第2周	自由采食，少喂勤添（4 ~ 6次/d）	过渡至前期保育料	500
断奶后第3 ~ 4周	自由采食，少喂勤添（3 ~ 4次/d）	前期保育料	750
断奶后第5周后	自由采食，少喂勤添（3 ~ 4次/d）	过渡至后期保育料	900

检查清单：

1. 断奶后尽快让每头仔猪吃上料，前提是仔猪断奶前保证教槽成功，标准＞350g/头；对于不吃料仔猪，可以采取断水及湿拌料的方式诱导其采食。
2. 断奶第1天（或转入保育舍第1天）不喂或很少喂，但提供充足、干净的饮水（添加抗应激药物保健）。
3. 每天保证至少空槽1次，每次空槽1h。
4. 经常清洁料槽。
5. 换料过渡期至少3d，且逐渐过渡，第1天旧料添加比例为75%，新料添加比例为25%；第2天旧料添加比例为50%，新料添加比例为50%；第3天旧料添加比例为25%，新料添加比例为75%；第4天完全更换为新料。

V-4.3　保育仔猪饮水控制

项目	指标	要求
饮水要求	水流量（L/min）	1.0 ~ 1.5

（续）

项目	指标	要求
饮水要求	饮水量（L/d）	1.5 ~ 2.5
	每千克饲料耗水量（L）	2 ~ 3
	饮水器高度（cm）	15 ~ 30
	饮水器类型	小号碗式或乳头饮水器（每10头共用1个）
水质要求	pH	5 ~ 8
	大肠杆菌数（个/L）	< 100
	其他细菌数（个/L）	< 105

检查清单：

1.保育仔猪所用饮水器类型最好与在分娩舍时的保持一致，有利于仔猪快速适应。

2.定期检查饮水线及水压，保证保育仔猪饮水充足、干净、水温适宜（寒冷季节，保育仔猪的最适水温为20~25℃）。

3.保育舍需有独立的保健桶（约100L/个）。

V-5 保育仔猪舍环境控制与健康管理

V-5.1 保育仔猪舍环境控制

V-5.1.1 保育仔猪舍温度控制

阶段	适宜温度（℃）	适宜湿度（%）
断奶后前3d	30	
断奶后第1周	28	60 ~ 70
断奶后第2 ~ 5周	25	
断奶后第6 ~ 7周	21	

检查清单：

1.提前对保育仔猪舍进行预热，温度应与产房温度相近（高于断奶前约2℃）。

2.保育仔猪舍温度控制可通过调整保温灯（如开启时间、度数、悬挂高度等）、保温板、通风等进行。

3.温度降低时应逐步进行，禁忌降幅过大。

4.温度设定时要考虑同批次中最小的猪，温度稍微高些对其他猪的影响不会很大。

5.每天在最温暖和最寒冷的时段坚持检查猪群的躺卧姿势。

V-5.1.2 保育仔猪舍通风控制

指标	季节	最佳控制要求
风速（m/s）	冬、春、秋季	0.2
	夏季	0.6～0.8
通风换气量 [m³/（h·kg）]	冬季	0.3
	春、秋季	0.45
	夏季	0.6

检查清单：

1.检查门窗等通风设施是否合理，风机运转是否正常。

2.冬季严防贼风，28～50日龄仔猪风速控制在0.2m/s，51～70日龄仔猪风速控制在0.3m/s。

V-5.1.3 保育仔猪舍有害气体控制

指标	要求
氨气（mg/m³）	≤20
硫化氢（mg/m³）	≤8
二氧化碳（mg/L）	≤1 500
粉尘（mg/m³）	≤1.2
有害微生物（万个/m³）	≤4

V-5.1.4 保育仔猪舍光照控制

指标	要求
光照强度（lx）	110
光照时间（h）	16～18

检查清单：

1.定期检查、维修采光设施（门窗等），保证自然光照充足。

2.断奶后前3d建议保持24h光照，可以让更多断奶前没有适应吃料的仔猪尽快学会吃料。

3.在充足的光照下仔猪更容易学会采食，光照有利于增强免疫力。

4.光照强度太大且持续时间太长时，容易引起猪群焦躁，引发咬尾等。

Ⅴ-5.1.5　保育仔猪舍饲养密度控制

猪别	体重（kg）	每头猪所占面积（m²）		每头猪可利用空间（m³）	漏缝地板的适宜漏缝宽度（mm）
		水泥地板	漏缝地板		
保育仔猪1	6 ~ 18	0.5	0.3	1	10 ~ 13
保育仔猪2	18 ~ 25	0.7	0.4	1	10 ~ 13

检查清单：

1.保持保育仔猪适宜的密度饲养是预防疾病的关键点。

2.高密度饲养永远是健康养猪的克星，这在保育阶段尤为突出。

Ⅴ-5.2　保育仔猪舍健康管理

Ⅴ-5.2.1　保育仔猪霉菌毒素控制

霉菌毒素种类	最高允许量（μg/kg）	影响
黄曲霉毒素	＜10	1.增重速度、饲料转化率、采食量均降低。
呕吐毒素	＜1 000	2.阴户红肿，假发情。
玉米赤霉烯酮毒素	＜500	3.睾丸萎缩，乳头变大。
赭曲霉毒素A	＜100	4.活力降低，存活率降低。
T-2毒素	＜500	5.肛门脱垂。

Ⅴ-5.2.2　保育仔猪免疫参考程序

免疫时间	疫苗名称	免疫剂量	使用方法	免疫方式
35日龄	猪繁殖与呼吸综合征弱毒疫苗	1头份	颈部肌内注射	强制免疫
	猪圆环病毒病疫苗	2mL	颈部肌内注射	选择免疫
45日龄	猪伪狂犬病活疫苗	1头份	颈部肌内注射	强制免疫
55日龄	猪口蹄疫疫苗	2mL	颈部肌内注射	强制免疫
	猪瘟弱毒疫苗	2头份	颈部肌内注射	强制免疫
65日龄	猪繁殖与呼吸综合征活疫苗	1头份	颈部肌内注射	强制免疫
80日龄	猪口蹄疫疫苗	2mL	颈部肌内注射	强制免疫

检查清单：

1.免疫程序应根据猪群健康状况而制定。

2.猪瘟疫苗的免疫时间可以在全群猪群检测过抗体水平后根据抗体水平适当调整。

3.注射疫苗时一旦发生应激应立即进行抢救，如注射肾上腺素、地塞米松、普鲁卡因青霉素+复方安基比林等药物进行脱敏。

V-5.2.3 保育仔猪保健驱虫方案

时间	参考方案	使用时间	目的
转入保育仔猪舍第1周（5周龄）	林可壮观霉素+电解多维（抗应激药物）饮水保健	10～14d	减少仔猪应激，抗革兰氏阴性菌、阳性菌
转入保育仔猪舍第3周（8周龄）	伊维菌素粉剂或伊维菌素针剂	连续5～7d，1mL/头	驱虫

V-5.2.4 保育仔猪基础健康评估

控制点	单项（分）	操作要求	实际检查情况
体表寄生虫评分	6	1分：频繁摇头、蹭痒，体表皮肤未见明显破损。 2分：耳部有褐色渗出物，背部、臀部有丘疹性皮炎，严重者有黑色结痂（3分）。 4分：背部有银屑样物质。 5分：皮肤形成龟裂。 6分：体毛脱落。	
体表综合评分	6	泪斑、毛色、精神状况等。	
粪尿评估	6	粪便（正常松软成形、松软不成形、糊状软粪、稀粪、水样稀粪）和尿液（正常尿、尿黄、血尿、尿少等）。	
体内寄生虫检查	6	球虫、小袋纤毛虫、三毛滴虫、蛔虫、绦虫等。	
生长速度评价	6	结合品种和各阶段日龄、日增重、出栏时间，分析健康水平。	
环境应激状态评估	6	冷热应激、密度、空气质量、水质等造成猪群的临床反应。	
呼吸道压力评估	6	气喘、咳嗽、腹式呼吸等的比例、频率、时间、抗原检测等。	
腹泻压力评估	6	腹泻比例、日龄、时间、抗原检查和检测等。	
免疫效果评价	6	有合理的保健程序并严格执行。	
保健效果评价	6	有合理的免疫程序并严格执行，有每年3次以上的全群检测报告。	

注：评分总分为60分，评分越高代表健康风险越大。

V-6 保育舍绩效考核

指标	绩效方案	备注
批次存活率达标=96%	1 000元/月	每增加1%，奖励200元。

（续）

指标	绩效方案	备注
数据管理	100元/月	未按要求执行，扣100元。
全勤奖	300元/月	当月有休假，无全勤奖。

V-7　保育仔猪饲养管理

V-7.1　仔猪断奶应激综合征

表现	主要原因	操作清单
营养应激	食物来源变化	1.选择适口性、消化性好的断奶过渡料（教槽料）。
	营养组成变化	2.早期补饲，保证断奶前吃到足够的教槽料（有效采食量＞350g/头）。
	消化吸收变化	3.饲料过度采取循序渐进的方式。
环境应激	圈舍变化与饲养人员变化	1.断奶后仔猪可在原圈舍饲养5～7d。
	温湿度变化	2.尽量保持保育舍环境与哺乳舍相近。
心理应激	母仔分离、调栏、混群等让仔猪更不安	1.提高断奶日龄（25d左右）。
		2.转群和分群时尽量维持原圈舍饲养。

检查清单：

1.断奶应激综合征最直接的表现是仔猪生长受阻，可能持续几小时，也可能长达1～2d，甚至7～9d。

2.断奶应激越大，仔猪恢复到断奶前日增重所需的时间就越长。

3.检查舍内温度及仔猪躺卧地板的温度（通过观察猪群的躺卧姿势及温度计监测）。

4.关注料槽的卫生及饲料的新鲜程度，检查饮水情况。

5.断奶日龄非常重要，日龄越大的仔猪更趋于成熟。

V-7.2　保育仔猪饲养管理关键控制点

项目	检查清单
进猪前栏舍准备	做到100%全进全出，做好栏舍消毒（彻底消毒）。
	空栏5～7d，进猪前保持栏舍干燥。
	检修设备（如料槽、饮水器、保健桶、降温或保温设备等）。
	仔猪转入保育舍前做好保育舍的保温工作及准备好抗应激药物。
	准备好用具等。

（续）

项目	检查清单
分群	分栏时尽量将原窝仔猪放在一栏（降低应激及减少打斗、病原传播）。
	将非健康仔猪与健康仔猪分开喂养（每栋空出2～3个保育栏，用于单独护理非健康仔猪）。
	按照仔猪大小进行分栏（注意防止和处理仔猪打斗）。
调教（三定位）	定吃：进猪前在采食区和睡觉区撒上饲料，并适时驱赶乱排粪便仔猪。
	定睡：睡觉区保持干燥（冬季需用保温板等保温）。
	定排：在排便区用水冲湿。
饲喂	猪群转入保育舍时保证充足、干净的饮水（添加抗应激药物），当天不喂或少喂。
	转入保育舍后的前5d少喂多餐，适当控料（防止暴饮暴食营养性腹泻）。
	对病弱仔猪及不吃料仔猪，及时进行单独护理（湿料饲喂或单独灌服）。
	正常采食后保证每日至少空槽1次，每次至少1h。
	换料时要循序渐进（过渡期3～5d），逐渐增加比例。
	猪群转出前一餐停喂（减少应激）。
管理	做好栏舍保温工作（温度要适宜）。
	保持舍内空气清新，做好保温与通风平衡。
	清洁卫生：及时清理粪便（上、下午各1次），保持栏舍干燥、卫生。
	严格执行仔猪免疫与驱虫方案。
	每日巡视，及时将病猪隔离后治疗，及时淘汰无价值仔猪。

Ⅴ-7.3　保育舍日常检查清单

检查项目	正常	异常
神态	警觉	消沉
腹部	圆	干瘪

（续）

检查项目	正常	异常
皮肤	有光泽	干燥
被毛	稀疏、光滑	粗长、杂乱
食欲	正常吃料	踌躇不前
躺卧姿势	侧卧	趴卧、扎堆
呼吸	平静	急促

注：根据每头仔猪的状态，找出可能的原因（如温度、饲养密度、饲料、通风等）。

V-7.4　导致断奶仔猪生长受阻的因素

检查清单	断奶后生长受阻的天数（d）
饲养密度超过正常值的15%	2～3
不使用教槽料	2
断奶后没有用教槽料过度	3
用劣质的颗粒饲料（太硬或太脏）	1
断奶仔猪混群不合理	2
太冷（低于临界温度3℃）	3
太热（高于临界温度2℃）	2
饮水不足	2
料槽空间不够	1～3
料槽脏	2
存在霉菌毒素	2
劣质的地板	2

注：帮助仔猪快速度过断奶应激期是影响猪场经济效益的一个主要因素。

4.7 生长育肥猪管理清单

VI-1 生长育肥猪饲养目标

主要生理特点	饲养目标
免疫系统基本完善	获得最佳日增重
消化系统基本完善	获得良好的胴体品质
生长潜力发挥空间大	获得最佳的料肉比

VI-2 生长育肥猪生产指标

项目	目标
成活率（%）	＞98
次品率（%）	＜1
170日龄体重（kg）	＞120
料肉比	＜2.4
PMSY（头）	＞22.5

VI-3 生长育肥猪舍栏舍设施

项目	指标	要求
育肥猪舍	建筑结构	全密封的钢结构，天花板高约2.45m，屋顶用隔热材质。
	通道	纵向中间通道宽1.0 ~ 1.2m。
通风系统	风机或风扇	正常运转，功率选择与栏舍跨度匹配。
	卷帘布	PE材质或者其他同等类型材料，厚≥0.4mm，每平方米重≥250g。
降温系统	风机或风扇	正常运转，风机转速与产房构造相匹配，垂直通风。
栏位系统	水泥地面栏	10 ~ 12头/栏。 面积：每10头共用10 ~ 12m²（4m×3m），头均面积1.0 ~ 1.2m²。 围栏：水泥墙体。

（续）

项目	指标	要求
饮水系统	自动饮水器	大号碗式或乳头饮水器，每10头共用1个，高35～60cm。
	水流速度（L/min）	1.5～2.0。

注：夏季纵向通风，其他季节垂直通风。

VI-4　生长育肥猪营养

VI-4.1　生长育肥猪营养需求

VI-4.1.1　生长育肥猪营养需求——育肥前期

项目	《中国猪饲养标准》（NY/T 65—2004）	NRC（2012）	推荐
体重（kg）	35～60	25～50	30～60
消化能（kcal/kg）	3 199	3 402	3 250～3 300
粗蛋白质（%）	16.4	18	16.5～17.5
钙（%）	0.55	0.66	0.75～0.85
总磷（%）	0.48	0.56	0.70～0.90
有效磷（%）	0.2	0.26	0.35～0.45
赖氨酸（%）	0.82	1.12	1.09～1.12
蛋氨酸（%）	0.22	0.32	0.29～0.30
蛋氨酸+胱氨酸（%）	0.48	0.65	0.64～0.66
苏氨酸（%）	0.56	0.72	0.71～0.73

VI-4.1.2　生长育肥猪营养需求——育肥中期

项目	《中国猪饲养标准》（NY/T 65—2004）	NRC（2012）	推荐
体重（kg）	60～90	50～75	60～90
消化能（kcal/kg）	3 199	3 402	3 200～3 250
粗蛋白质（%）	14.5	15.5	15.5～16.5
钙（%）	0.49	0.59	0.7～0.8
总磷（%）	0.43	0.52	0.65～0.80

（续）

项目	《中国猪饲养标准》（NY/T 65—2004）	NRC（2012）	推荐
有效磷（%）	0.17	0.23	0.35 ~ 0.45
赖氨酸（%）	0.7	0.97	0.99 ~ 1.00
蛋氨酸（%）	0.19	0.28	0.27
蛋氨酸+胱氨酸（%）	0.4	0.57	0.59
苏氨酸（%）	0.48	0.64	0.65

VI-4.1.3　生长育肥猪营养需求——育肥后期

项目	NRC（2012）	推荐
体重（kg）	75 ~ 100	90d 至出栏
消化能（kcal/kg）	3 402	3 200 ~ 3 250
粗蛋白质（%）	13.2	15.0 ~ 16.0
钙（%）	0.52	0.65 ~ 0.75
总磷（%）	0.47	0.60 ~ 0.75
有效磷（%）	0.21	0.35 ~ 0.45
赖氨酸（%）	0.84	0.84 ~ 0.85
蛋氨酸（%）	0.25	0.23
蛋氨酸+胱氨酸（%）	0.5	0.51
苏氨酸（%）	0.56	0.55

VI-4.2　生长育肥猪饲喂方案

阶段	饲喂方法	饲喂饲料	参考采食量（g/d）
30 ~ 60kg（10 ~ 16周龄）		小猪料	1 900
60 ~ 90kg（16 ~ 21周龄）	自由采食、少喂勤添（2 ~ 3次/d）	中猪料	2 400
90kg至出栏（21 ~ 26周龄）		大猪料	3 200

VI-4.3   生长育肥猪饮水控制

项目	指标	要求
饮水要求	水流量（L/min）	1.5 ～ 2.0
	饮水量（L/d）	2.5 ～ 7.5
	每千克饲料耗水量（L）	2 ～ 3
	饮水器高度（cm）	35 ～ 60
	饮水器类型	大号碗式或乳头饮水器（每10头猪共用1个）
水质要求	pH	5 ～ 8
	大肠杆菌数（个/L）	< 100
	其他细菌数（个/L）	$< 10^5$

VI-5   生长育肥猪舍环境控制及生长育肥猪健康管理

VI-5.1   生长育肥猪舍环境控制

VI-5.1.1   生长育肥猪舍温度控制

项目	温度（℃）	湿度（%）
适宜的温湿度	17 ～ 22	60 ～ 75
控制范围	15 ～ 28	50 ～ 80

检查清单：

1.关注育肥猪的呼吸频率，呼吸急促时需采取有效的降温措施。

2.育肥猪适宜采用喷淋降温，要求喷淋嘴分布均匀，向下直滴的是大水滴，而不是喷雾（会增加湿度，增加舍内闷热感），保证水凉爽。

VI-5.1.2   生长育肥猪舍通风控制

指标	季节	目标
风速（m/s）	冬、春、秋季	0.3
	夏季	1.2 ～ 1.6
通风换气量 [m³/（h·kg）]	冬季	0.35
	春、秋季	0.45
	夏季	0.6

VI-5.1.3　生长育肥猪舍有害气体控制

指标	要求
氨气（mg/ m³）	≤ 20
硫化氢（mg/m³）	≤ 10
二氧化碳（mg/L）	≤ 1 500
粉尘（mg/m³）	≤ 1.5
有害微生物（万个/m³）	≤ 10

注：保证猪舍有效通风，降低粉尘、有害气体等浓度，可有效减少呼吸道疾病的发生率。

VI-5.1.4　生长育肥猪舍光照控制

指标	要求
光照强度（lx）	50 ~ 80
光照时间（h）	10 ~ 12

检查清单：生长育肥猪舍采用弱光光照，避免强光直照（猪活动更频繁）。

VI-5.1.5　生长育肥猪舍饲养密度控制

体重（kg）	每头猪所占面积（m²）		每头猪可利用空间（m³）	漏缝地板适宜的漏缝宽度（mm）
	水泥地板	漏缝地板		
≤ 70	0.9 ~ 1.0	0.5	2.0 ~ 2.5	15 ~ 18
> 70	1.2	0.8	2.5 ~ 3.0	18 ~ 20

检查清单：

1.饲养密度过大是当前普遍存在的"集约化疾病"，是中大猪高发病率、高死亡率及高料肉比的重要原因。

2.具体做法为：体重达70kg左右时将猪群中不均匀的个体调出分栏，保证每头猪的饲养面积为1.2 ~ 1.5m²。

VI-5.2　生长育肥猪健康管理

VI-5.2.1　生长育肥猪免疫参考程序

见《保育仔猪免疫参考程序》。

VI-5.2.2　生长育肥猪保健驱虫方案

项目	时间	参考方案	使用时间	目的
保健	13周龄	每吨饲料添加支原净125g+强力霉素60g+氟苯尼考100g	连续7d	呼吸道保健
	18周龄	每吨饲料添加阿莫西林100g+恩诺沙星60g	连续7d	广谱抗菌
驱虫	约50kg体重	伊维菌素粉剂拌料（或针剂1次/头）	连续5～7d	驱虫

VI-5.2.3　生长育肥猪基础健康评估

控制点	单项（分）	操作要求	实际检查情况
体表寄生虫评分	6	1分：频繁摇头、蹭痒，体表皮肤未见明显破损。 2分：耳部有褐色渗出物，背部、臀部有丘疹性皮炎，严重者黑色结痂（3分）。 4分：背部有银屑样物质。 5分：皮肤形成龟裂。 6分：体毛脱落。	
体表综合评分	6	泪斑、毛色、精神状况等。	
粪尿评估	6	粪便（正常松软成形、松软不成形、糊状软粪、稀粪、水样稀粪）和尿液（正常尿、尿黄、血尿、尿少等）。	
体内寄生虫检查	6	球虫、小袋纤毛虫、三毛滴虫、蛔虫、绦虫等。	
长速评价	6	结合品种、各阶段日龄、日增重、出栏时间，分析健康水平。	
环境应激状态评估	6	冷热应激、密度、空气质量、水质等造成猪群的临床反应。	
呼吸道压力评估	6	气喘、咳嗽、腹式呼吸等的比例、频率、时间、抗原检测等。	
腹泻压力评估	6	腹泻比例、日龄、时间、抗原检查和检测等。	
免疫效果评价	6	有合理的保健程序并严格执行。	
保健效果评价	6	有合理的免疫程序并严格执行，有每年3次以上的全群检测报告。	

注：评估总分为60分，分数越高说明健康风险越大。

VI-6　生长育肥猪舍绩效考核

指标	绩效方案	备注
批次存活率达标=98%	400元/月	每增加1%，奖励200元
数据管理	100元/月	未按要求执行，扣100元
全勤奖	300元/月	当月有休假，无全勤奖

VI-7　生长育肥猪饲养管理

VI-7.1　生长育肥猪饲养关键控制点

项目	检查清单
进猪前栏舍准备	保证全进全出，做好栏舍消毒（彻底消毒）。
	空栏5～7d，进猪前保持栏舍干燥。
	检修设备（料槽、饮水器、降温或保温设备等）。
	准备用具及药品。
分群	将保育仔猪转入育肥猪舍时，尽量原群分在一栏。
	将非健康仔猪与健康仔猪分开喂养（每栋空出2～3个育肥栏用于仔猪的单独护理）。
调教（"三定位"）	转入后前3d训练猪群定吃、定排、定睡。
饲喂	猪群转入时保证充足、干净的饮水（添加抗应激药物）。
	自由采食（日喂2～3次）。
	正常采食后保证每日空槽至少1次，每次至少1h。
	换料时要循序渐进（过渡期3～5d），逐渐增加比例。
	注意防止饲料浪费。
管理	做好栏舍保温（或降温）工作。
	保持舍内空气清新，减少舍内粉尘，做好保温与通风的平衡。
	保持合理的饲养密度。
	清洁卫生：及时清理粪便（上、下午各1次），保持栏舍干燥、卫生。
	每日巡视，及时隔离、治疗病猪，及时淘汰无治疗价值的猪。

注：1.粉尘颗粒是传播病毒的重要载体，是引发猪群呼吸道疾病的重要诱因。
2.防止猪群发生应激。

VI-7.2　生长育肥猪免疫操作

项目	清单
免疫前	1.疫苗准备：根据免疫头数提前半小时准备疫苗，准备剂量＝$n\times105\%$左右。注意疫苗的回温，如口蹄疫灭活疫苗等要回温到20℃，冻干疫苗回温10min可以有效防止因稀释造成的效价降低；另外，所有疫苗稀释时必须使用对应的专用稀释液，不可交叉混用稀释液，稀释时要做到真空操作。 2.器械等准备：提前半小时准备注射器、针头、针盒、记号笔、镊子、挡板、手套等。 3.对猪群使用灭活疫苗时，提前3d加维生素C或复合多维等抗应激药物。
免疫中	1.针头：产房仔猪一窝一针头，大猪、母猪一猪一针头，避免交叉感染（可在疫苗瓶上留一个专用针头，用于抽取疫苗）。注射前用挡板把猪赶到角落，在安静状态下注射。严禁打"飞针"。免疫过程中使用持针钳换针头，持针钳用完后要放入消毒器皿中。颈部肌内注射时，于耳根后3～5cm处三角区部位垂直进针。在后海穴处进行免疫注射时，免疫前清洗尾根部并用酒精棉清洁。 2.漏针补免：免疫后逐头检查注射部位，对流血漏针的补免一次。免疫完成后巡栏一次，及时处理出现应激过敏反应的猪。 3.尽量先免疫健康的猪，再免疫病弱的猪。
免疫后	1.器械及空瓶消毒：免疫完成后所有器械、疫苗空瓶都要消毒处理。注射器、针头，先水煮后再冲洗干净，最后再用水煮后晾干备下次使用，并做好遮挡，防止灰尘。疫苗空瓶浸泡在氢氧化钠溶液中消毒或作焚烧深埋处理。 2.免疫后带猪消毒：免疫后使用过硫酸氢钾溶液进行带猪消毒。 3.做好免疫记录：按照日、月、批次的模式，认真、工整、清楚地做好免疫记录，包括疫苗名称、厂家、批号，以及免疫日期、头数、日龄、剂量等。

VI-7.3　生长育肥猪转群操作

项目	清单
转前	1.所有设备复位，检查饮水器水压是否正常，工具、用具是否配备到位。 2.提前半小时预热栏舍。 3.睡觉区域撒上少量饲料，定位净区；饮水和排便区洒少量水，定位污区。
转中	1.与保育主管沟通，先将健康仔猪转入育肥猪舍，病弱猪最后转入。 2.按大小强弱分群，弱小猪集中饲养，放置在风机端。 3.每个单元预留2个空栏，作为病猪栏和康复栏。
转后	1.转群前后对过道进行清洗、消毒。 2.净污定位，前3d重点关注，将刚排出的粪便及时清扫到污区，保持净区干净、干燥。 3.采食情况，前5d重点关注，对不采食的猪用湿料过渡。

VI-7.4 生长育肥猪空栏舍的清洗、消毒

项目	清单
清理	将所有物品清理出育肥猪舍，所有杂物集中处理，有价值的物品分类清洗、消毒，无价值的物品集中销毁或清出场外。
清洗	初洗：清洗干净天花板、饮水管、热水管、电线等表面的有机物，达到无肉眼可见的有机物为准。 注意事项： 1.增湿，3h之内每过20min快速喷淋一次。 2.可以购买高压枪弯杆喷头。 3.太细的电线可以直接用1/50的过硫酸氢钾溶液擦拭消毒。 4.清洗之前用塑料袋将所有插座及灯头等易漏电的地方包装好。
精洗	用氢氧化钠溶液浸泡消毒，用5%氢氧化钠溶液湿透所有栏面、地板、漏缝板，约30min后用清水冲洗所有表面上的有机物。 注意事项： 1.人员戴口罩、面罩、绝缘手套，穿雨衣、雨裤、绝缘鞋，做好防护，防止意外发生。 2.使用专用外接电源。 3.精洗完后可以进行检修水电。
喷雾消毒	1/150过硫酸氢钾雾化消毒，向上划圈，直到水滴挂壁。
熏蒸消毒	将各类洞口、进风口全部密封，杜绝人员进出，使用固体甲醛或液体甲醛（$5g/m^3$），完全密封12～48h之后开风机将甲醛彻底排出。
水线消毒	操作步骤： 1.首先将其他栋舍的水关掉，打开待饮水消毒栋舍的进水开关，配好1/10的过硫酸氢钾溶液（500g过硫酸氢钾加到装满水的过硫酸氢钾桶中）。 2.其次将加药器调到1/50的速度启动加药，将每排的最后一个饮水器管线打开，放水2～3min，直到看到明显的红色再关掉。 3.再次打开其他单元的进水开关，关闭本单元所有进水口，12h后拆除本单元所有饮水器并清洗残留物。 4.最后关掉加药器开关，打开清水开关，饮水消毒结束。
空栏干燥	空栏时间5d以上再进猪，进猪前将所有设备复位，检查饮水器水压是否正常，工具、用具是否配制到位，最后进行验收。

VI-7.5 生长育肥猪销售流程

	红区	黄区	绿区
猪流	1.拉猪车到达红区,由专人进行清洗、消毒。 2.到达黄区进行精洗、烘干(70℃、20min),之后到达中转房指定位置。	淘汰猪车到达社会清洗、消毒点后自行清洗、消毒,然后到达淘汰猪二次中转栏(临时中转台)指定位置。	1.场区饲养人员将猪赶出猪舍到场内出猪台。 2.由场区一级中转车将猪拉到中转房指定位置卸猪。 3.如果是淘汰猪则需要二级中转车将猪从中转房拉到二次中转栏指定位置销售。
要求	猪场猪中转车、人员、道路、工具不得与外部拉猪车存在交叉接触。	临时中转台设有排水沟,有一定坡度,水往外部车辆方向流动;隔墙为实体的彩钢瓦;围栏、地板不得使用木板材料。	1.售猪时实行少次集中的方式,减少猪场与外部车辆接触风险。 2.售猪时尽量避开下雨天气。
说明	1.赶猪人员不与拉猪车、淘汰猪车接触。 2.不得出现回头猪,外部赶猪物品、工具不得带进生产区。 3.司机不下车,人员、赶猪工具不交叉。	通过使用中转栏和二次淘汰中转栏,做到不与社会车(危险车)接触、阻断隔绝,再加上车辆烘干房的使用,能更好地确保安全。	1.仔猪中转台与淘汰猪中转台分开。 2.淘汰猪需经过中转中心中转台(第一次中转)、红区洗消中心以外中转台第二次中转,以降低风险。

VI-7.6 生物安全设施(以生长育肥场为例)

	红区	黄区	绿区
目标	1.车辆预洗消后无眼见粪污颗粒,初步保障车辆干净。 2.人员登记检测。 3.淘汰猪二次中转。	1.进场车辆二次洗消和烘干,单向流通,保障车辆安全。 2.人员隔离检测。 3.物资消毒静置。 4.饲料中转。 5.猪中转。	1.车辆消毒,对场外到中转中心的专用车辆(拉料车、物资车、拉猪车)进行消毒。 2.人员洗澡消毒。 3.物资进场消毒。
建设要求	1.远离污染源和人流量较大区域(猪场、饲料厂、饭店、卖肉点、超市等)。 2.距离猪场2~3km,要求单向流动、地面硬化、排污有序。	1.距离猪场外1km(锁定专道),要求单向流动、地面硬化、排污有序。 2.有烘干棚。	自动消毒通道、喷雾均匀、压力达标。

（续）

	红区	黄区	绿区
设施	1.上猪台、赶猪通道、猪中转房（栏）。 2.消毒平台。 3.前置消毒检测房。	1.三段式人员消毒通道、人员隔离宿舍。 2.中央厨房。 3.物资消毒间。 4.中转料塔。	1.入场人员洗澡消毒间。 2.物资消毒间。 3.猪场围墙。
设备	1.高温高压冲洗机、底盘清洗机、泡沫专用枪。 2.夜间照射灯。 3.雾化消毒机、臭氧机。	1.消毒用日常工具。 2.车辆洗消工具。	1.消毒用日常工具。 2.车辆洗消工具。

VI-7.7 人员进场流程（以生长育肥场为例）

红区	黄区	绿区
1.登记确认：入场人员的姓名、入场事由。 2.采样检测。 3.过洗消通道后隔离。 ①人员洗手消毒。 ②雾化消毒。 ③人员衣物消毒。 ④人员行李消毒。 ⑤人员沐浴洗澡。 ⑥洗澡后更换隔离服。 ⑦隔离24h。	1.检测结果呈阴性后，由专车送到黄区，中间不下车。 2.过洗消通道后隔离。 ①人员在隔离房隔离24 h。 ②隔离房每日消毒。 ③隔离人员在隔离期间不得离开隔离宿舍区域。	过洗消通道后隔离。 1.隔离房每日消毒。 2.隔离区域控制标准。 ①人员在隔离房隔离24 h。 ②隔离房每日消毒。 ③隔离人员在隔离期间不得离开隔离宿舍区域。

VI-7.8 饲料车入场流程（以生长育肥场为例）

项目	清单
清洗、消毒	场外司机开车至洗车点洗消后，再对料车进行烘干（70℃、20min），烘干完后司机上车贴上封条进场，进场后禁止下车。
进场前	料车到达门卫外，由专人用1∶100过硫酸氢钾先对车身、轮胎进行彻底喷雾消毒，再静置10min。

（续）

项目	清单
进入消毒 通道	1.料车消毒后到达车辆消毒通道，轮胎在氢氧化钠溶液池中静置20min再进场。门卫检查封条是否拆开，监督车辆静置时间是否充足。 2.门卫对进场车辆信息的登记完整（进场时间、封条完整性、车牌、司机信息、出场时间）。
进场卸料	1.司机全程不下车，卸料操作由场内人员完成，卸料完成后卸料员对封条拍照并发至生物安全群。 2.有中转料塔的进行场外打料。

VI-7.9　疫苗入场流程（以生长育肥场为例）

项目	清单
车辆洗消烘	物资车进入黄区，清洗车体及消毒，对物资表面进行消毒。
外包装检查	检查外包装是否完好，卸车入中转中心物资消毒库。
疫苗箱消毒	疫苗箱外表面喷雾消毒，使用1∶150过硫酸氢钾溶液喷雾消毒，确保全覆盖；疫苗箱六面全部需要消毒。
拆除外包装	消毒完成后戴一次性手套，拆除疫苗外包装箱，放入中转站专用疫苗中转容器（框或其他）。
一级中转	物资中转车进行洗消后，到中转站兽药消毒仓库转运物资。
门卫消毒	1.疫苗中转容器喷雾消毒。 2.疫苗瓶使用1∶50过硫酸氢钾溶液（加入冰块）浸泡5min。
盘点换箱	消毒后中转员戴双层手套，将疫苗瓶更换到场内已消毒的保温箱，仓管人员盘点记录疫苗数量。
场内中转	由场内物资中转员将换好箱的疫苗箱中转到疫苗仓库。
疫苗存放	仓库管理员按照说明书上要求的温度将疫苗暂存于冰箱备用。

VI-7.10　物资入场流程（以生长育肥场为例）

项目	清单
车辆洗消	物资车进入黄区，清洗车体及消毒，对物资表面进行消毒。
物资盘点核对	物资盘点签字确认，无误后进行拆包处理，把能拆包的物品全部进行拆箱。

（续）

项目	清单
转运物资消毒	1.物品外包装去除后送至物资消毒间，用1∶200过硫酸氢钾溶液浸泡消毒，再进行臭氧机紫外线消毒7d。 2.不能浸泡消毒的兽药，先用过1∶50硫酸氢钾溶液擦拭消毒，再进行臭氧紫外线消毒。 3.操作要求：要求全部摊开，使用镂空框子。
中转物资进场	1.物资中转车进行洗消烘后，到中转站兽药消毒仓库转运物资。 2.操作标准：转运物资人员穿戴隔离服、鞋套、手套。
场内物资消毒	1.中转点转入后用过硫酸氢钾浸泡消毒，再进行臭氧及紫外线消毒72h。 2.操作标准：要求全部摊开，使用镂空框子，消毒24h。

5 猪场管理清单的完善与培训

猪场编制管理清单的主要目的是为养猪生产者提供正确做事情的方法，避免操作中的失误，提高效率，减少人为差异。但是清单的要素是关键控制点，而不是大而全的操作手册。无论编制清单多么用心、多么仔细，清单必须接受实际使用的检验，要经过编制→检验→更新→再检验的过程。猪场管理清单在执行过程中需要坚持以人为本，持续完善，团队中的每1个成员不仅是清单的执行者和检查者，更是清单持续完善的书写者。

即使是最简单的清单也需要不断改进，简洁和有效永远是矛盾的联合体，只有持续改善，才能让清单始终确保准确和稳定。

5.1 猪场二、三级管理清单的建立步骤

本书第4章主要呈现的是猪场管理的一级清单，建立了猪场的标准、数据、管理意识的基本概念。而每个猪场中猪的品系、选择的饲料、栏舍结构、免疫程序等相差很大，猪场应根据自己的实际情况建立适合自己猪场的二、三级清单，建立步骤如下：

（1）定义猪场每天的工作任务（可能有多个任务）。

（2）对每个任务，写下操作时所做的每个步骤，形成这个任务的工作清单初稿。

（3）在下一次再做这项任务时，对比清单初稿，不断补充、修正、精简、完善。

（4）直到觉得清单完美并可以作为标准使用时，这个清单才算完成。

（5）按这样的步骤，形成所有任务的清单。

（6）把它作为每天工作的检查工具，形成良好的工作习惯。

（7）当工作内容有改进或变化时，及时修订清单。

5.2 猪场二级管理清单示例

猪场二级管理清单就是在实施层面的猪场标准化作业程序（SOP），猪场二级清

单建立的目的在于让实施层对猪场的某项工作思路清晰，知道工作流程，明白先做什么，后做什么，是对工作目标的分解和工作过程的展开（表5-1）。

表5-1　二级管理清单示例：产房标准化作业程序

饲喂程序标准化	母猪	产前3d	1.每天每头1.8kg。	少喂，控料。
			2.湿料、哺乳料。	
			3.日喂2次。	
		产前2d	1.每天每头1.8kg。	少喂，控料。
			2.湿料、哺乳料。	
			3.日喂2次。	
		产前1d	1.每天每头1.8kg。	少喂，控料。
			2.湿料、哺乳料。	
			3.日喂2次。	
		分娩当天	不喂	
		产后1～5d	1.$2.0+1\times$天数 $[kg/（头\cdot d）]$。	逐渐增加。
			2.湿料、哺乳料。	
			3.日喂3～4次。	
		产后8～25d	1.$2.5+0.5\times$带仔数量 $[kg/（头\cdot d）]$，自由采食。	采食最大化，保证足够的乳汁。
			2.湿料、哺乳料。	
			3.日喂3～4次。	
		断奶当天	不喂	
	仔猪	3～7d	1.诱食、少喂勤添，每天每窝20～30g。	诱食，熟悉教槽料。
			2.干料，教槽料。	
			3.日喂3～4次。	
		7～14d	1.开食，少量勤添，40～60g/$[（d\cdot 窝）]$。	逐渐采食、玩料阶段。
			2.干料，教槽料。	
			3.日喂4～6次。	
		14～21d	1.上槽，干料+湿料教槽料，每天每头20g。	开始上槽，只给无乳汁或只喝到少量乳汁的仔猪。
			2.干料+湿料教槽料。	
			3.日喂湿料2次、干料4次。	
			4.水料比：前3d为4∶1，后期为3∶1。	

（续）

饲喂程序标准化	仔猪	22～25d（断奶）	1.过渡，干料＋湿料教槽料，每天每头30g。	断奶，营养过渡。
			2.干料＋湿料教槽料。	
			3.日喂湿料2次、干料4次。	
			4.水料比，由前期的3：1转为2：1。	
岗位操作标准化	母猪护理	产前护理	1.预产期标记，方便观察、控制饲喂等。	
			2.上产床前将母猪清洗、消毒，减少细菌感染，对仔猪起到保护作用。	
			3.标准喂料：产前3d每天1.8kg。	
			4.临产前7d上产床，尽量给母猪提供一个舒适安静的环境，避免母猪产前发热。	
		产前准备	1.手术剪刀、剪牙钳、注射器需清洗干净再煮沸、消毒。	
			2.准备好已消毒的毛巾、地毯、麻袋、棉线、保温灯、干燥粉、水桶、碘酊、高锰酸钾、液体石蜡油等接生工具或用品。	
			3.提前预热保温箱。	
		判断分娩	1.根据母猪预产期表现的症状，如阴门红肿、频频排尿、起卧不安等，推测母猪于1～2d内分娩。	
			2.乳房有光泽，两侧乳房外涨，有较多乳汁排出，则母猪于4～12h内分娩。	
			3.有羊水破出，则母猪2h内可分娩，个别初产母猪情况可能特殊。	
		接产	1.有专人看管，每次离开时间不超过半个小时，夜班人员下班前填写夜班人员值班记录表。	
			2.产前母猪用0.1% KMnO$_4$溶液清洗消毒外阴、乳房及腿臀部，产栏要消毒干净。	
			3.仔猪出生后立即用毛巾将口、鼻黏液擦干净，然后擦干猪体。离脐带根3～4cm断脐结扎，防止流血，用5%碘酊消毒。放保温箱10～15min保温，保持箱内温度35～37℃，防止贼风侵入。	
			4.发现假死猪应及时抢救，先将口、鼻黏液或羊水倒流出来或抹干，可注射樟脑磺酸钠注射液1mL，或进行人工呼吸。	
			5.产后检查胎衣或死胎是否完全排出，可看母猪是否有努责或产后体温升高情况，可注射催产素进行适当处理。	
			6.仔猪吃初乳前，每个乳头先挤几滴奶，初生重小的放在前面乳头吮吸。	
		难产判断	母猪有羊水排出、强烈努责后1～2h仍无仔猪产出或产仔间隔超过1h者，即视为难产，需要助产。	
		助产	1.用手由前向后用力挤压母猪腹部。	
			2.对产仔消耗过多的母猪进行补液，有助于分娩。	
			3.注射缩宫素20～40IU，要注意在子宫口开张时使用。	

(续)

岗位操作标准化	母猪护理	人工助产	以上几种方法无效或由于胎儿过大、胎位不正、骨盆狭窄等造成难产的，应立即进行人工助产。
			1.肌内注射氯前列烯醇2mL。
			2.助产人员剪平指甲，用0.1% KMnO₄溶液消毒，用液体石蜡润滑手臂。
			3.随着子宫收缩节律慢慢伸入阴道内，子宫扩张时抓住仔猪下颌部或后腿慢慢将其向外拉出。
			4.生产后冲洗子宫2～3次，同时肌内注射抗生素3d，以防子宫炎、阴道炎的发生。
	仔猪护理	产后护理	产后3d用抗生素消炎，及时清理产床，保持其卫生干燥，无乳母猪可用中药催乳。
		温度控制	保温箱1～3d体感37℃，4～7d、32℃，第2周、28℃，第3周、26℃；产房温度18～22℃；根据仔猪睡姿调节保温灯高度、功率、开关，根据室内温度调节风机。
		剪牙	吃初乳后6～24h，剪掉2/3。剪牙剪用0.5%碘酊消毒，将牙齿剪平整后涂抹阿莫西林粉。
		断尾	留2～3cm，创面要消毒，第2天再消毒1次。
		补铁	3d内每头补铁2mL（150～200mg）。
		寄养	分娩当天寄养，要大小均匀，挑出乳汁最好的母猪带弱仔，寄养后观察仔猪的哺乳情况，以后根据仔猪大小及母猪乳汁情况每周调整1次。
		去势	5～7d去势，切口不宜太大，也不要用力拉睾丸，术后用5%碘酊消毒。
		教槽	7～14d给予教槽料，4次/d。做到少喂多餐，每次加料之前剩余的料给母猪吃。
		训练仔猪进保温箱	出生后第1天关进保温箱（3～4次），出生后第2～3天饲喂母猪时关进保温箱（2～3次）；减少60%的压死猪，及时清理干净保温箱内的粪便、尿液，后期仔猪躺卧均在保温箱内。
免疫保健标准化	免疫	疫苗运输	要用专用疫苗箱（如泡沫箱），里面放冰块。尽量减少运输时间。
		疫苗保存	疫苗必须按要求进行保存，一般冻干疫苗需冰冻保存，液体油苗需4～8℃保存。
		疫苗准备	1.注射用具必须清洗干净，煮沸消毒时间不少于10min，并保证足够的数量，待针管冷却后方可使用。
			2.准备好发生过敏反应的药物（肾上腺素或地塞米松等）。
			3.使用前要检查疫苗的质量，如颜色、包装、生产日期、批号，提前半天从冰箱中拿出回温。
			4.稀释疫苗必须用规定的稀释液，并按规定稀释。

（续）

免疫保健标准化	免疫	疫苗注射及注意事项	1.由专人负责注射疫苗，严禁漏打。
			2.做好免疫记录，以备以后查看。
			3.严禁使用粗短针头和打飞针，如打了飞针或注射部位流血一定要补打。
			4.有病的猪不能注射疫苗，病愈后补注。
			5.出现过敏反应的猪，可用肾上腺素等抗过敏药物抢救或者用注射器扎鼻，并用冷水淋猪鼻。
			6.疫苗稀释后必须在2h内用完。
			7.两种疫苗不能混合使用，同时注射两种疫苗时要分开在颈部两侧注射。
			8.未使用完的疫苗未开封时放入−4℃保存，疫苗瓶需经过煮沸消毒后深度掩埋或集中焚烧，不能随意丢弃。
	保健	母猪保健	全群保健1个季度1次，分娩母猪产前、产后1周1次。
		仔猪保健	采取必要抗应激措施，如断奶仔猪饮水中添加多维。
环境卫生标准化	舍内	蜘蛛网	房顶、房梁、天花板、窗户、窗帘、墙壁、电风扇、水管、插座，料槽（饲料霉变）地面、漏粪板及猪栏，每周彻底打扫1次。
		粪便	栏舍内每天至少清理2次粪便，应清理产房中的粪便。清扫后必须清洗，但要节约用水。下午下班前将猪粪打包集中处理。
		生产垃圾	使用过的药盒、药瓶、输液器具、疫苗瓶和胎衣等，分类妥善归于一处，适时销毁。
		饲料包装袋	每天将用完后的饲料包装袋进行分类整理并打包，统一放到贮存室。
		栏舍过道	每天都要进行清扫，过道一般不要用水冲（夏季中午、下午可以用水冲洗），要保持干燥。
		温度及通风	1.夏季及时开启降温设备（如卷帘、水帘、冷风机、风扇等），冬季温度低时及时开启保温设备（如保温灯、锅炉、关闭门窗等），确保温度在合适范围。
			2.及时开启通风、排风系统（开关门窗、开启风扇、排风扇等），避免贼风直接向猪吹，同时注意保温。
		物品摆放	1.产房内的生产工具（保温灯、盖板、垫布、料铲、料车、扫把、粪铲、接产工具等）应放置在固定地点。
			2.药品工具等不得乱摆乱放。
			3.饲料分类摆放整齐。
			4.与生产无关的物品不得放在栏舍内。

（续）

环境卫生标准化	舍外	赶猪通道及道路	每周打扫猪场内主干道、赶猪通道及其他必须打扫的区域，每周消毒1次。
		粪便处理	及时清理粪池内粪便，处理不了的粪污要排入发沼池内发酵。
		杂草、杂物	周边5m内无杂草、杂物，并定期清理（每月至少1次）。
		物品摆放	物品归类、定点标识，消毒盆固定在门口，清理干净与生产无关的物品。
消毒防疫标准化	栏舍清洗、消毒	安全	1.冲洗时关掉室内电源。
			2.穿绝缘靴、戴绝缘手套。
		清理	1.空栏后需收起栏舍内的保温灯泡、饲料等。
			2.统一收集并妥善处理栏内垃圾，以防堵塞下水道。
			3.清理母仔猪料槽内的剩料。
		清扫	1.洗栏前需打扫干净栏舍内的蜘蛛网。
			2.清扫灰尘、污物等。
		浸泡与清洗	1.用5%氢氧化钠溶液或洗衣粉浸泡20min以上。
			2.地面、漏缝板正面及缝隙两侧、产床、水管、料槽、料车、保温箱及保温箱盖等均需清洗干净。
			3.水泡粪池下的猪需冲洗干净，保持物件本色，做到不留死角。
		空栏消毒	1.栏舍冲洗干净并干燥后用过硫酸氢钾等消毒药消毒一次，待干燥后再用不同的消毒药进行二次消毒。
			2.二次消毒干燥后再用石灰水喷洒产床及墙壁离地1m的区域，做到不留死角。
		设备检修	进猪前检查栏舍内插板、饮水器、降温设备是否正常，如有问题及时维修。
		物品摆放	洗完栏后统一摆放整齐仔猪料槽及保温箱盖，一栏一盖。
	日常消毒	栏舍及其周边	一周2次对栏舍内外进行消毒，2次使用不同的消毒药。
		转栏消毒	转栏时用刺激性小的消毒药对猪进行消毒。
		脚踏消毒池	门口脚踏盆消毒药1周更换2次，进出栏舍需踩踏消毒药。
		消毒记录	做好消毒记录（消毒时间、消毒药浓度、消毒方式等）。
	饮水系统消毒	水线消毒	用1∶1 000消毒剂或漂白粉对水塔、管道消毒，1个月1次。
	病死猪处理	无害化处理	有深埋法、焚烧法、化尸池法、高温处理法、生物发酵法等。
	蚊虫、鼠害	灭鼠灭虫	一个季度至少进行一次药物灭鼠，平时动员员工进行人工灭鼠，每月定期灭蝇蚊。

5.3　猪场三级管理清单示例

　　三级清单是操作层面的标准化作业程序（SOP），三级管理清单是对二级清单的展开，其建立的目的在于让操作层知道工作要做到什么程度。三级清单要求中心明确、可操作性强，如果辅以图片的形式则会让清单更加清晰明了。在猪场的某项工作具体操作中，员工参照三级清单，简单培训就能够独立操作该项工作，这也是猪场迈向工厂化流程生产的特点之一。

三级管理清单示例1：公猪精液稀释标准化操作书（SOP）

　　目的：保证精子质量，提高公猪的利用效率。

步骤一：稀释液制备

1　从烘箱中取出干燥好的2 000mL烧杯，加入1 000mL的双蒸馏水。

2　按1 000mL双蒸馏水与1包稀释粉的比例，将稀释粉加入水中。

3　将烧杯置于磁力搅拌器上，保持磁力棒位于烧杯中心，搅拌5min，使稀释粉完全溶解。

4 将烧杯放入38℃恒温水浴锅中备用。

步骤二：精液稀释

1 从39℃烘箱中取出加热好的量杯，放到电子秤上，将电子称归零。

2 将采集好的精液从保温杯中取出，轻柔地放入量杯中。

3 精液称重：待电子秤读数稳定后，读取并记录读数。

4 精子密度与活力检测：用干净、干燥的玻璃棒取一滴精液，滴在载玻片上，盖好盖玻片。

5 将载玻片放到显微镜下观察，记录精液密度和精子活力，并计算出稀释液的用量。

6 将计算好用量的稀释液沿着玻璃棒缓慢倒入量杯中（稀释液与精液的温差不要超过1℃）。

7 再次在显微镜下观察稀释后的精液密度与精子活力。

步骤三：精液分装

1 将稀释好的精液缓缓倒入精液瓶中，每瓶80mL。

2 挤出精液瓶中的空气，并盖好瓶盖，精液瓶上记录公猪耳号，并在记录本上做好记录。

步骤四：精液保存

分装好的精液用毛巾盖好，冷却至室温后放入16℃恒温箱中保存，并用毛巾盖好，每隔4h轻摇1次。

三级管理清单示例2：配种舍输精操作化标准书（SOP）

目的：提高猪场母猪的受胎率和繁殖率。

步骤一：清洗、消毒母猪

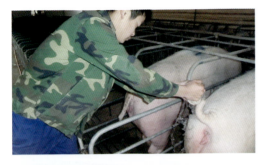

1 配种前先用0.1％KMnO₄消毒液清洁母猪尾根、外阴周围，先洗两边再洗中间。

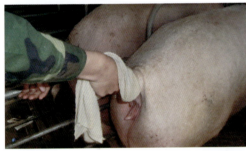

2 10～15min后再用温和的清水洗掉消毒液，先洗中间后洗两边。

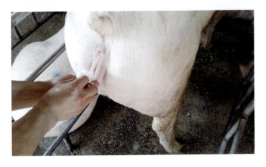

3 用卫生纸由内向外擦干外阴周围。

步骤二：用公猪诱情

将公猪赶至配种栏待配母猪前面，并用铁栏围好，使母猪在输精前与公猪有口、鼻接触，1头公猪可刺激5头母猪。

步骤三：刺激母猪

将特制的沙袋压在待配母猪腰部，模拟公猪爬跨。

步骤四：输精

1 取出输精管，将润滑剂涂抹在海绵体顶端斜面上。为防止输精管头被污染，只需露出海绵体，手与润滑液瓶不能接触海绵体。

2 左手撑开外阴，将输精管先斜下45°插入，再斜上45°避开尿道口插入阴道。

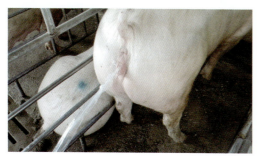

3 逆时针推入，直到遇到较大阻力且轻轻回拉有阻力即可，检查输精管是否锁定。

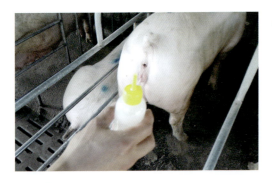

4 从保温箱取出相对应的公猪精液，确认标签正确后再将精液轻轻摇匀。

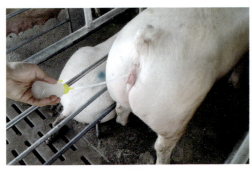

5 打开精液瓶口，插在输精管管中，将管内的空气排完。

6 待空气排完后，用针头在精液瓶顶部扎孔。

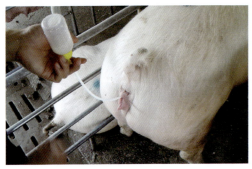

7 将精液瓶呈斜上方倒立，让母猪将精液缓慢吸入。控制输精速度，每头母猪输精5～10min，输精的同时按摩母猪外阴和乳房。

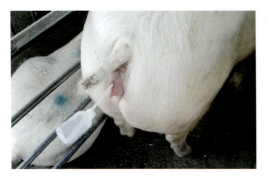

8 输精结束后，将钉帽插入输精管尾部，将输精管尾部末端折入输精瓶中，每头母猪累计输精2~3次。

步骤五：卫生清理

半小时后以顺时针方向缓慢取出输精管并丢入垃圾袋中，清理垃圾，将公猪赶回栏舍。

步骤六：配种记录填写

配种完成后要进行记录并对配种过程中母猪的静立程度、输精管锁定程度、精液倒流情况进行评分。

三级管理清单示例3：猪场分娩舍接产标准化操作书（SOP）

目的：提高新生仔猪的成活率，降低母猪分娩风险。

步骤一：分娩判断

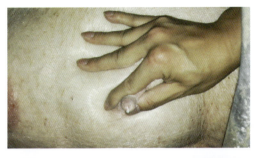

1 前面乳头出现浓乳汁的母猪约24h后可能分娩，中间乳头出现浓乳汁的母猪约12h后可能分娩，后边乳头出现浓乳汁的母猪3~6h后可能分娩。

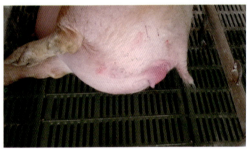

2 羊水已破的母猪则2h以内分娩。

步骤二：准备接生物品

1 消毒水的准备：装好一桶清水，倒入高锰酸钾，配成0.1%的高锰酸钾的溶液（呈粉红色）。

2 接生物品和工具的准备：消毒好的毛巾、碘酒、棉线、干燥粉、手术剪刀、剪牙钳、水桶等。

3　保温箱预热：打开保温灯，将保温箱进行预热，箱底垫上布垫。

步骤三：清洗母猪

用0.1%高锰酸钾溶液依次清洗母猪外阴、乳房、腿臀部及产栏。

步骤四：接生

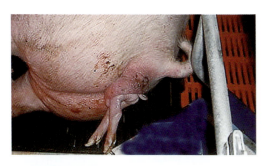

1　观察母猪产仔情况，待仔猪露出后肢或头部后马上接产。

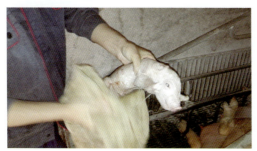

2　擦干仔猪：仔猪产出后，用毛巾及时将其口、鼻黏液擦拭干净，然后再擦干全身。

3 脐带结扎：用消毒过的细绳在离脐带根2~3cm处将脐带结扎。

4 用消毒过的剪刀在距结扎口1cm处将脐带剪断。

5 用碘酒对脐带进行消毒处理。

6 在仔猪身上撒上干燥粉，使仔猪尽快干燥。

7 抗生素灌服：根据猪场情况给仔猪灌服抗生素。

8 将仔猪放入保温箱中，保持箱内温度35～37℃，防止贼风进入，接生完毕后做好母猪产仔记录。

5.4 猪场管理清单的运用培训

猪场管理清单的建立，特别是操作层面的清单，应发挥的重要作用之一是让基础工作做到统一标准的程度。而在传统的猪场里新员工学习工作技能时，所学到的只能是教授过程中的一些偶然的大致工作方式，然后自己在工作中填充一些细节性内容，结果是每个人都按照自己的方式工作，没有形成统一的标准，造成的工作差异性大。

有了明确的管理清单后，可参照以下步骤运用管理清单进行培训工作。

5.4.1 培训初始阶段

（1）消除新员工的紧张感。

（2）对清单进行讲解。

（3）了解员工对这项工作的熟悉度。

（4）让员工对这些工作产生兴趣。

（5）将员工安排在合理位置，以便清楚地看到示范操作。

5.4.2 现场教学示范

（1）第一次讲解，一次性展示并解释其主要步骤。

（2）第二次讲解，强调每个关键点。

（3）第三次讲解，解释操作每个关键步骤和关键点的原因。

（4）每次讲解时，要做到清楚、完整、耐心。

5.4.3 新员工自己动手操作

（1）第一次操作，让员工自己操作并纠正错误。

（2）第二次操作，让员工在操作中解释每个因素及各个步骤。

（3）第三次操作，让员工在再次操作中解释此项工作中的关键点。

（4）第四次操作，让员工再次解释这样操作的原因。

（5）继续操作，直到员工完全掌握为止。

5.4.4 注意事项

（1）让员工单独操作，但随时有人过来巡查。

（2）给员工指定可以去咨询并得到帮助的人。

（3）经常检查员工的工作。

（4）鼓励员工提问。

（5）给予员工任何必需的额外指导，逐渐停止跟随。

6 大数据在猪场清单式
管理中发挥的作用

6.1 实现猪场盈利目标的第一步——数据的建立

没有测量数据，就没有改进。

——威廉·汤姆森（爱尔兰数学物理学家、工程师，热力学之父）

猪场现代化管理的第一步就是建立能够监测生产的数据体系。

传统的猪场管理常常是靠"感觉"来衡量猪场的生产情况、饲养员成绩的好坏。说到数据，那都在猪场管理者的"脑子"里面！

人类其实不是理性的动物，是由惯性和感觉导向的。该如何走出这种惯性和感觉呢？用数据进行分析！过程管理导向大师戴明博士和目标管理导向大师彼得·德鲁克在诸多思想上都持对立观点，但"不会量化就无法管理"的理念却是两人智慧的共识，所以量化——数据体系的建立，是猪场现代化管理的第一步。不同管理理论比较见表6-1。

表6-1 不同管理理论比较

	管理理论	特点	宗旨
戴明博士（1900—1993年），世界著名的质量管理专家	过程管理	强调从生产准备开始，顺向安排出管理的方案，强调"全面质量"（以"因"为导向）。	全面质量管理，持续改善，员工参与，团队精神。注重过程而不是结果。
彼得·德鲁克（1909—2005年），被称为"现代管理学之父"	目标管理	强调从目标着眼，逆向推导出管理的要求，更强调"卓越绩效"（以"果"为导向）。	把管理的着眼点放在目标上，而不是放在过程上，以目标为导向、以人为中心、以成果为标准。

6.2 如何建立现代化猪场的数据管理报表体系

建立好猪场管理清单后就已经有了做事的标准，对工作提出了要求和期望。但光有要求和期望是远远不够的，因为人们往往会倾向于做要检查的事情，而不是期待的事情。我们将期待的事情（目标标准）制定成各级管理清单，将要检查的事情（现实数据）制定成各种数据管理报表，从而建立起猪场的数据管理报表体系，这可以简单地概述为高标准、严要求：

高标准：将各个关键控制点的要求转换成各管理清单标准，醒目简洁。

严要求：依照标准清单进行检查，并做好数字记录，使行为符合标准。

猪场数据管理报表体系的建立具体步骤：

建立猪场管理清单，对工作目标、业务流程、操作要点都有了数据化的标准。根据这些标准建立起一套清晰、完整的数据管理报表体系，对所有流程环节均有一系列的报表记录与之相对应的实际情况。接下来就要用标准这面"镜子"照出工作不到位的地方，用标准这把"尺子"测出实际与标准的差距有多大，从而发现问题，解决问题，这样才能从以前"凭感觉、差不多"的做事方式进步到猪场现代化管理所要求的精准规范。

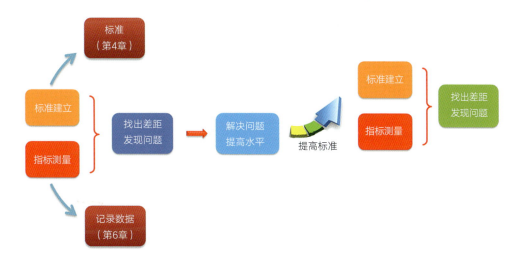

猪场中的问题，就是现实状态与标准之间的差距。现实状态与标准差距越小，问题就越小；反之，问题就越大。当我们通过上下努力，现实状态已经接近或达到标准时，就可以提出一个更高的标准，形成螺旋式上升，不断提高我们的现实水平。

6.3 猪场数据管理报表体系一览表

　　猪场清单式管理是紧紧围绕着"猪场盈利、永续经营"这一目标逐一展开工作的。因此，猪场也应该围绕着这一目标来设计自己的数据管理报表体系。

　　猪场数据管理报表体系总体可以分为四大类：猪场利润报表体系、猪场PMSY报表体系、猪场FCR报表体系、猪场生物安全报表体系。

　　在内容方面，猪场利润报表体系是从经营管理的角度来进行报表的统计分析；猪场PMSY报表体系和猪场FCR报表体系是从生产管理的角度来进行报表的统计分析，同时也为猪场利润报表体系的建立起了支撑作用，两者相辅相成，反映出猪场经营目标和生产目标的具体情况；再加上猪场生物安全报表体系的建立，从而构成了整个猪场健全、完整的数据管理报表体系（图6-1）。

图6-1　猪场数据管理报表体系

　　为了读者方便查询，猪场数据管理报表体系也采用了一览表的形式对报表进行汇总和分类，和猪场管理一级清单一览表的格式一样，猪场数据管理报表体系一览表也是用横纵两坐标轴排列的方式列出内容，横轴是根据报表管理的层级列出，纵轴是根据报表体系的分类列出（见猪场管理报表体系一览表）。这样，猪场人员即可根据自己的需要查询到对应序号的数据管理报表模板。

　　同时，本着对标分析的原则，在各个报表体系中，我们设定的数据管理表格中通常都会将期待的事情（标准）放在第一列，再列出要求测量、记录的实际数据，从而找出差距，提高成绩。

　　猪场数据管理报表体系本着务实的宗旨，重在指导猪场日常管理行为，克服现有一般管理方式抽象化和模糊化弊端所导致的多种问题，因此在猪场的现代化管理过程中，应给予越来越多的关注和运用。

报表层级 报表类别	1级报表 总经理负责	2级报表 场长负责
Ⅰ 猪场利润报表体系	Ⅰ-1.1猪场盈亏表	Ⅰ-2.1收入一览表
		Ⅰ-2.2支出一览表
	Ⅰ-1.2商品猪成本汇总表	
Ⅱ 猪场PMSY报表体系	Ⅱ-1生产力指标表	Ⅱ-2猪场月报表
Ⅲ 猪场料肉比（FCR）报表体系	Ⅲ-1.1 FCR报表	Ⅲ-2猪场月报表
	Ⅲ-1.2猪群结构表	
Ⅳ 猪场生物安全报表体系	Ⅳ-1猪场兽医服务检查表	Ⅳ-2猪场生物安全整体评分表

注：读者可以根据一览表中的表格编号在本章中找到对应的猪场管理报表模板。

表体系一览表

3级报表	4级报表
组长/兽医/财务负责	饲养员负责
Ⅰ-3.1猪只销售收入报表	
Ⅰ-3.2饲料耗用金额表	
Ⅰ-3.3兽药耗用金额表	
Ⅰ-3.4疫苗耗用金额表	
Ⅰ-3.5仔猪费用分摊	
Ⅰ-3.6保育费用分摊	
Ⅰ-3.7育肥费用分摊	
Ⅱ-3.1配种舍周报	Ⅱ-4.1配种舍存栏报表
	Ⅱ-4.2配种记录表
	Ⅱ-4.3后备母猪查情记录表
	Ⅱ-4.4批次断奶母猪配种跟踪表
	Ⅱ-4.5 B超仪妊娠监测表
Ⅱ-3.2分娩舍周报	Ⅱ-4.6分娩舍存栏报表
	Ⅱ-4.7产仔记录表
Ⅱ-3.3保育仔猪周报	Ⅱ-4.8保育仔猪舍存栏报表
Ⅱ~3.4育肥猪舍周报	Ⅱ-4.9育肥猪舍存栏报表
Ⅱ-3.5公猪舍周报	Ⅱ-4.10公猪舍存栏报表
	Ⅱ-4.11采精记录表
	Ⅱ-4.12采精频率表
Ⅲ-3.1分娩舍周报	Ⅲ-4.1分娩舍存栏及饲喂报表
Ⅲ-3.2妊娠舍周报	Ⅲ-4.2妊娠舍存栏及饲喂报表
Ⅲ-3.3保育仔猪舍周报	Ⅲ-4.3保育仔猪舍存栏及饲喂报表
	Ⅲ-4.4保育套餐用量对比表
Ⅲ-3.4育肥猪舍周报	Ⅲ-4.5育肥猪舍存栏及饲喂报表
	Ⅲ-4.6育肥套餐用量对比表
Ⅲ-3.5公猪舍周报	Ⅲ-4.7公猪舍存栏及饲喂报表
Ⅳ-3.1水质检测报告	
Ⅳ-3.2饮水流量标准	
Ⅳ-3.3抗体检测项目表	
Ⅳ-3.4采样分布比例记录表	
Ⅳ-3.5猪场个体采样记录表	
Ⅳ-3.6外来人员登记表	
Ⅳ-3.7猪舍空栏/带猪消毒表	
Ⅳ-3.8场内流行病记录表	
Ⅳ-3.9分娩舍批次免疫记录表	
Ⅳ-3.10保育仔猪舍批次免疫记录表	
Ⅳ-3.11育肥猪舍批次免疫记录表	

6.4 猪场利润报表体系

养猪最终是为了盈利，所以猪场利润报表体系就是要让猪场管理者知道猪场赚钱与否。本节并非站在专业财务的角度来分析猪场利润，只是从经营管理层的角度提出方向性的建议，以期通过这些报表的统计与分析能让猪场管理者知道猪场利润的多少。

6.4.1 猪场利润报表体系的层级

猪场利润报表体系分为三个层级，一级报表主要供总经理负责，如Ⅰ-1.2商品猪成本汇总表主要是把猪场的成本分为仔猪、保育仔猪、育肥猪和其他阶段，让经营者更能清晰地分析出每阶段的成本，做调整计划；二级报表由场长负责；三级报表是最基础的数据汇总表（主要涉及财务），由组长或财务负责（表6-2）。

表6-2 猪场利润报表体系

报表层级	一级报表	二级报表	三级报表
	总经理负责	场长负责	组长或财务负责
猪场利润报表体系	盈亏表	收入一览表	猪销售收入报表
		支出一览表	饲料耗用金额表
			兽药耗用金额表
			疫苗耗用金额表
	商品猪成本汇总表	仔猪成本分摊表	
		保育仔猪成本分摊表	
		育肥猪成本分摊表	

6.4.2 猪场利润报表体系各支撑报表模板

Ⅰ-1.1 猪场盈亏表

项目	1月	2月	3月	……	11月	12月	合计
营业收入（元）							
营业支出（元）							
存栏差（元）							
毛利润（元）							

I-1.2 商品猪成本汇总表

阶段	名称		标准	1月	2月	……	12月	全年平均
每头断奶仔猪成本（元）	可控成本	饲料						
		疫苗						
		兽药						
		水电						
		人工						
		周转材料						
		其他						
	小计							
	固定成本	租赁费						
		折旧费						
		小计						
	合计		350					
每头保育仔猪成本（元）	可控成本	饲料						
		疫苗						
		兽药						
		水电						
		人工						
		周转材料						
		其他						
		小计						
	固定成本	租赁费						
		折旧费						
		小计						
	合计		280					
每头育肥猪成本（元）	可控成本	饲料						
		疫苗						
		兽药						
		水电						
		人工						
		周转材料						
		其他						
		小计						
	固定成本							
	合计		1 020					
商品猪成本合计（元/头）			1 650					
平均出售育肥猪重量（kg/头）			110					
商品猪成本合计（元/kg）			7.5					

I-2.1 收入一览表

项目		1月	2月	3月	……	11月	12月	合计
猪销售（元）	正品育肥猪							
	正品保育仔猪							
	残次育肥猪							
	残次保育仔猪							
	淘汰母猪							
	淘汰公猪							
	小计							
饲料袋销售（元）								
猪粪销售（元）								
其他收入（元）								
小计（元）								
总计（元）								

注：此表可以计算出销售收入。

I-2.2 支出一览表

项目		1月	2月	……	11月	12月	合计
固定费用（元）	租赁费						
	折旧费						
	小计						
主要变动费用（元）	饲料						
	兽药						
	疫苗						
	生产人员薪资						
	小计						
其他变动费用（元）	后勤人员薪资						
	运杂费						
	行政管理费						
	小计						
支出总计（元）							

Ⅰ-3.1 猪销售收入报表

月份	正品育肥猪					正品保育猪					残次育肥猪					残次保育猪					淘汰母猪				
	销售数量（头）	总重（kg）	均重（kg/头）	销售金额（元）	均价（元/kg）	销售数量（头）	总重（kg）	均重（kg/头）	销售金额（元）	均价（元/头）	销售数量（头）	总重（kg）	均重（kg/头）	销售金额（元）	均价（元/kg）	销售数量（头）	总重（kg）	均重（kg/头）	销售金额（元）	均价（元/头）	销售数量（头）	总重（kg）	均重（kg/头）	销售金额（元）	均价（元/头）
1月																									
……月																									
总计																									

Ⅰ-3.2 饲料耗用金额表

	饲料种类	1月			……	12月			合计	
		数量（t）	单价（元/t）	金额（元）		数量（t）	单价（元/t）	金额（元）	数量（t）	金额（元）
仔猪饲料	后备母猪料									
	公猪料									
	妊娠母猪料									
	哺乳母猪料									
	小计									
保育料	教槽料									
	前期保育料									
	后期保育料									
	小计									
育肥猪料	小猪料									
	中猪料									
	大猪料									
	小计									
总计										

I -3.3　兽药耗用金额表

猪舍	月份	1月			2月			……	12月			合计	
	商品名称	数量	单价（元）	金额（元）	数量	单价（元）	金额（元）		数量	单价（元）	金额（元）	数量	金额（元）
母猪区													
	小计												
保育仔猪区													
	小计												
生长育肥猪区													
	小计												
合计													

I -3.4　疫苗耗用金额表

猪舍	月份	1月			2月			……	12月			合计	
	商品名称	数量	单价（元）	金额（元）	数量	单价（元）	金额（元）		数量	单价（元）	金额（元）	数量	金额（元）
母猪区													
	小计												
保育仔猪区													
	小计												
生长育肥猪区													
	小计												
总计													

I -3.5 仔猪成本分摊表

类别	项目	标准	1月	2月	……	12月	年均
费用项目（元/头）	母猪存栏量（头）						
	哺乳母猪料						
	妊娠母猪料						
	公猪料						
	后备母猪料						
	饲料小计						
	PSY（26）						
	疫苗						
	兽药						
	水电						
	生产人员薪资						
	其他小计						
	PSY（26）						
指标	出生健仔数						
	转入保育猪舍数（头）						
	PSY成本（元/头）						

I -3.6 保育猪成本分摊表

指标	项目	标准	1月	2月	……	12月	全年平均
费用项目（元/头）	教槽料						
	前期保育料						
	后期保育料						
	饲料小计						
	疫苗						
	兽药						
	水电						
	生产人员薪资						
	其他小计						
指标	转出数（头）						
	转入保育猪舍平均重（kg）						
	费用分摊（元/头）						

I -3.7　育肥猪成本分摊表

类别	项目	标准	1月	2月	……	12月	全年平均
费用项目（元/头）	小猪料						
	中大猪料						
	饲料小计						
	疫苗						
	兽药						
	水电						
	生产人员薪资						
	其他小计						
指标	销售正品数（头）						
	销售重（kg）						
	平均重（kg）						
	费用分摊（元/头）						

6.5　猪场PMSY报表体系

　　猪场PMSY的水平直接关系猪场收入，而PMSY又与猪场生产中的许多生产指标息息相关。通过猪场栏舍基础生产报表的记录与汇总，猪场就可以得到猪场的生产力水平现状，同时也可以根据猪场生产力水平制定相应的猪场绩效制度，从而改善猪场的生产管理。

6.5.1　猪场PMSY报表体系的层级

　　猪场PMSY报表体系分为四个层级，每个层级的报表都由不同职责的人员负责（表6-3）。由各个栏舍的基础报表汇总得出周报，周报再汇总为月报，月报再汇总为一级报表。一级报表为整年报表，可以反映出猪场一年的生产力指标水平，从而得出猪场的PMSY。

表6-3 猪场PMSY报表体系

报表层级	一级报表	二级报表	三级报表	四级报表
	总经理负责	场长负责	组长负责	饲养员负责
猪场PMSY 报表体系	生产力指标表	月报表	配种舍周报	配种舍存栏报表
				配种记录表
				后备母猪查情记录
				批次断奶母猪配种跟踪
				B超妊娠监测表
			分娩舍周报	分娩舍存栏报表
				产仔记录表
			保育舍周报	保育舍存栏报表
			育肥舍周报	育肥舍存栏报表
			公猪舍周报	公猪舍存栏报表
				采精记录表
				采精频率表

6.5.2 猪场PMSY报表体系各支撑报表模板

II-1 生产力指标表

参数	标准	每月指标				
		1月	2月	……	12月	全年
基础母猪数（头）						
母猪淘汰数（头）						
更新率（%）	35					
母猪死亡数（头）						
母猪死亡率（%）	＜3					
配种分娩率（%）	85					
受孕率（%）	90					
断奶—配种间隔（d）	7					
断奶7d内配种率（%）	90					
窝总产仔数（头）	13					

（续）

参数	标准	每月指标				
		1月	2月	……	12月	全年
每窝的活仔数（头）	12.3					
弱仔比例（%）	＜5					
死胎比例（%）	＜4.5					
木乃伊胎比例（%）	＜1.5					
窝均断奶数（头）	11.7					
断奶日龄（d）	25					
头均断奶重（kg）	7					
哺乳仔猪成活率（%）	95					
保育仔猪成活率（%）	97					
育肥猪成活率（%）	98					
非生产天数（NPD）	40					
每头母猪年产窝数	2.3					
PSY（头）	27					
PMSY（头）	25.6					

Ⅱ-2 月报汇总表

自　　年　　月　　日起至　　年　　月　　日　止第　　月							
一、种猪							
分类 项目	公猪		后备 母猪	基础母猪（月平均存栏数，头）			合计
	公猪	后备公猪		空断母猪	妊娠母猪	哺乳 母猪	小计
初期存栏数（头）							
转入数（头）							
转出数（头）							
淘汰数（头）							
死亡数（头）							
末期存栏数（头）							
配种数：　头	后备母猪：　头			经产母猪：　头			
异常情况：　头	流产：　头			返情：　头			
前114d配种数（头）				配种分娩率（%）			
产仔栏（月平均存栏数，头）				保育栏（月平均存栏数，头）			

（续）

类别	数量（头）	重量（kg）	类别	数量（头）	重量（kg）
初期存栏			初期存栏		
产仔窝数			转入		
总产仔			转出		
健仔			淘汰		
弱仔			销售		
死胎			死亡		
木乃伊胎			末期存栏		
畸形胎					
断奶					
死亡					
末期存栏					

二、育肥猪（月平均存栏量）

类别	数量（头）	重量（kg）	类别	数量（头）	重量（kg）
初期存栏			宰杀		
转入			死亡		
销售			淘汰		
末期存栏					
饲料用量（t）	后备料：	公猪料：	饲料用量（t）	教槽料：	前期保育料：
	哺乳料：	妊娠料：		后期保育料：	小猪料：
				中猪料：	大猪料：

单位负责人：	复核：	统计：

Ⅱ-3.1 配种舍周报表

年　月　日至　月　日第　周　填表人：

项目	配种情况（头）					变动情况（头）									存栏情况（头）						日耗料（kg）
						转入		转出	死亡			淘汰									
周	断奶♀	返情♀	空怀♀	后备♀	合计	断奶♀	后备♀	妊娠♀	妊娠♀	空断♀	后备♀	妊娠♀	空断♀	后备♀	妊娠♀	断奶♀	空怀♀	生产♂	后备♀	合计	
日																					
……																					
六																					
合计																					

Ⅱ-3.2 分娩舍周报表

年　月　日至　月　日第　周　填表人：

项目	初期存栏（头）		分娩情况（头）							变动情况（头）							存栏情况（头）			日耗料（kg）	
										转入	转出		死亡		淘汰						
周	母猪	仔猪	分娩胎数	产合格仔	弱仔	畸形胎	木乃伊胎	死胎	总产仔	临产♀	断奶♀	仔猪	基础♀	仔猪	基础♀	仔猪	哺乳♀	临产♀	仔猪	哺乳料	教槽料
日																					
……																					
六																					
合计																					

Ⅱ-3.3　保育舍周报表

周	初期存栏（头）	转入（头）	转出（头）	淘汰（头）	死亡（头）	销售（头）	末期存栏（头）	日耗料（kg）		
								教槽料	前保	后保
日										
……										
六										
合计										

年　月　日至　月　日第　周　填表人：

Ⅱ-3.4　育肥舍周报表

周	初期存栏（头）	转入（头）	转出（头）	淘汰（头）	死亡（头）	销售（头）	末期存栏（头）	日耗料（kg）
日								
……								
六								
合计								

年　月　日至　月　日第　周　填表人：

Ⅱ-3.5　公猪舍周报表

周	初期存栏（头）		转入（头）		转出（头）		淘汰（头）		死亡（头）		末期存栏（头）		合计	日耗料（kg）
	生产♂	后备♂	生产♂	后备♂	生产♂	后备♂	生产♂	后备♂	生产♂	后备♂	生产♂	后备♂		
日														
……														
六														
合计														

年　月　日至　月　日第　周　填表人：

Ⅱ-4.1　配种妊娠舍存栏报表

栋号：					饲养员：				
日期	初期存栏（头）	转入（头）	转出（头）	淘汰（头）	死亡（头）	末期存栏（头）	妊娠料（kg）	哺乳料（kg）	备注
1									
2									
……									

Ⅱ-4.2　配种记录表

序号	母猪耳号	胎次	情期	断奶/返情/后备	第一次配种		第二次配种		第三次配种		预产期	评分	配种员
					日期	公猪耳号	日期	公猪耳号	日期	公猪耳号			
1													
2													
……													

Ⅱ-4.3　批次断奶母猪配种跟踪记录表

序号	栏号	母猪耳号	断奶日期	断奶日龄	配种日期	断奶至配种间隔（d）	B超仪妊娠检测（√/×）	返情日期	流产日期	淘汰日期	死亡日期	备注
1												
2												
……												

Ⅱ-4.4　B超仪妊娠监测表

序号	栏舍	母猪耳号	配种日期	监测日期	是否妊娠	备注
1						
2						
……						

Ⅱ-4.5 后备母猪查情记录表

序号	栏舍	母猪耳号	第一次发情日期	第二次发情日期	第三次发情日期	配种日期	备注
1							
2							
……							

Ⅱ-4.6 分娩舍存栏报表

栋号：　　　　　　　　　　饲养员：　　　　　　　　　　　月份：

日期	初期存栏（头）		调入/出生（头）		调出（头）			淘汰（头）		死亡（头）		末期存栏（头）		哺乳料（kg）	教槽料（kg）	备注
	母猪	仔猪	母猪	仔猪	母猪	仔猪	重量	母猪	仔猪	母猪	仔猪	母猪	仔猪			
1																
2																
……																

Ⅱ-4.7 产仔记录表

序号	品种	栏号	母猪耳号	胎次	预产期	分娩日期	健仔（头）	弱仔胎（头）	畸形伊（头）	木乃伊（头）	死胎（头）	总产仔（头）	窝重（kg）	记录人
1														
2														
……														

Ⅱ-4.8 保育舍存栏报表

栋号：　　　　　　　　　　饲养员：　　　　　　　　　　　月份：

日期	初期存栏（头）	转入		死亡（头）	淘汰（头）	转出		销售（头）	末期存栏（头）	教槽料（kg）	前期保育料（kg）	后期保育料（kg）	备注
		数量（头）	重量（kg）			数量（头）	重量（kg）						
1													
2													
……													

Ⅱ-4.9 育肥舍存栏报表

日期	初期存栏（头）	转入		死亡（头）	淘汰（头）	转出		销售（头）	末期存栏（头）	小猪料（kg）	中猪料（kg）	大猪料（kg）	备注
		数量（头）	重量（kg）			数量（头）	重量（kg）						
1													
2													
……													

栋号：　　　　　　饲养员：　　　　　　月份：

Ⅱ-4.10 公猪存栏登记表

日期	初期存栏（头）	转入		死亡（头）	淘汰（头）	转出		销售（头）	末期存栏（头）	公猪料（kg）	备注
		数量（头）	重量（kg）			数量（头）	重量（kg）				
1											
2											
……											

栋号：　　　　　　饲养员：　　　　　　月份：

Ⅱ-4.11 公猪采精记录表

日期	公猪耳号	采精员	采精量（mL）	活力	密度（亿个/mL）	畸形率（%）	总精子数（亿个/mL）	稀释液量（mL）	份数	稀释员	评定结果	备注
1												
2												
……												

Ⅱ-4.12 公猪采精频率记录表

序号	品种	公猪耳号	年　月										
			1	2	3	4	5	……	27	28	29	30	31
1													
2						……							
……													

6.6 猪场FCR报表体系

在猪场经营过程中，饲料成本占所有成本的70%以上，所以饲料成本对猪场非常重要。第2章我们已经阐述仅仅降低0.1的料肉比就能够给猪场带来巨大的利润差异，作为综合衡量饲料的营养水平、猪群健康情况及猪场整体管理水平的关键指标，FCR报表体系在猪场经营管理中有着非常重要的地位。

6.6.1 猪场FCR报表体系层级

猪场FCR报表体系也分为四个层级，每个层级的报表都由不同职责的人负责（表6-4）。通过四级报表中各栏舍的基础报表最终得出猪场全年的料肉比情况，再找出差距，及时调整猪场管理方案。

表6-4　猪场料肉比报表体系

报表层级	一级报表	二级报表	三级报表	四级报表
	总经理负责	场长负责	组长负责	饲养员负责
猪场FCR报表体系	FCR报表	月报表	分娩舍周报	分娩舍存栏及饲喂报表
			妊娠舍周报	妊娠舍存栏及饲喂报表
			保育舍周报	保育舍存栏及饲喂报表
				保育套餐用量对比表
			育肥舍周报	育肥舍存栏及饲喂报表
				育肥套餐用量对比表
			公猪舍周报	公猪舍存栏及饲喂报表
	猪群结构表			

6.6.2 猪场FCR报表体系各支撑报表模板

Ⅲ-1.1 FCR报表

饲料种类	1 000头母猪/月标准（PSY = 27头）	1月	2月	……	12月	年均
哺乳母猪料（t）	46.2					
妊娠母猪料（t）	46.0					

（续）

饲料种类	1 000头母猪/月标准（PSY = 27头）	1月	2月	……	12月	年均
后备母猪料（t）	6.1					
教槽料（t）	9.3					
前期保育料（t）	37					
后期保育料（t）	37					
小猪料（t）	310					
中大猪料（t）	154.8					
商品猪饲料合计（t）	548.1					
商品猪增重（t）						
全程料肉比	2.40					
全群饲料合计（t）	646.4					
全群料肉比	2.90					

注：在生产过程中，很多猪场做不到全进全出、批次生产，并且由于运用自动料线，批次或者单栋猪舍饲料用量无法准确统计，故每个月计算的料肉比不是很准确，但全年数据还是可以反映出整年的水平。

Ⅲ-1.2 猪群结构表

猪群	1 000头标准（PSY = 27头）	1月	2月	……	12月	全年
基础母猪（头）	1 000					
其中，空怀母猪（头）	95					
妊娠母猪（头）	728					
哺乳母猪（头）	177					
后备母猪（头）	350					
成年公猪（头）	10					
后备公猪（头）	5					
哺乳仔猪（头）	1 930					
26 ～ 70 日龄保育仔猪（头）	3 300					
71 ～ 112 日龄小猪（头）	3 060					
113 ～ 145 日龄中猪（头）	2 385					
146 ～ 165 日龄大猪（头）	1 400					
合计（头）	13 442					

Ⅲ-2 猪场月报汇总表

自　年　月　日起至　　年　月　日止第　月								
一、种猪								
分类 项目	公猪（头）		后备母猪 （头）	基础母猪（月平均存栏，头）				合计
	公猪	后备公猪		空断母猪	妊娠母猪	哺乳母猪	小计	
初期存栏								
转入								
转出								
淘汰								
死亡								
末期存栏								
配种数	后备母猪：　头			经产母猪：　头				
异常情况	流产：　头			返情：　头				
前114d配种数（头）				配种分娩率（%）				
产仔栏（月平均存栏，头）				保育栏（月平均存栏，头）				
类别	数量（头）		重量（kg）	类别	数量（头）		重量（kg）	
初期存栏				初期存栏				
产仔窝数				转入				
总产仔				转出				
健仔				淘汰				
弱仔				销售				
死胎				死亡				
木乃伊胎				末期存栏				
畸形胎								
断奶								
死亡								
末期存栏								

（续）

二、育肥猪（月平均存栏）					
类别	数量（头）	重量(kg)	类别	数量（头）	重量（kg）
初期存栏			宰杀		
转入			死亡		
销售			淘汰		
末期存栏					
饲料用量（t）	后备料：	公猪料：	饲料用量（t）	教槽料：	前期保育料：
	哺乳料：	妊娠料：		后期保育料：	小猪料：
				中猪料：	大猪料：
单位负责人：　　　　　　　复核：　　　　　　　　　统计：					

Ⅲ-3.1　分娩舍周报表

周	初期存栏（头）		分娩情况（头）							变动情况（头）							存栏情况（头）			日耗料（kg）	
	母猪	仔猪	分娩胎数	产合格仔	弱仔	畸形胎	木乃伊胎	死胎	总产仔	转入临产♀	转出		死亡		淘汰		哺乳♀	临产♀	仔猪	哺乳料	教槽料
											断奶♀	仔猪	基础♀	仔猪	基础♀	仔猪					
日																					
……																					
六																					
合计																					

年　月　日至　月　日第　周　　填表人：

Ⅲ-3.2　配种舍周报表

年　月　日至　月　日第　周　　填表人：

项目 / 周	配种情况（头）					变动情况（头）									存栏情况（头）						日耗料（kg）	
						转入		转出	死亡			淘汰										
	断奶♀	返情♀	空怀♀	后备♀	合计	断奶♀	后备♀	妊娠♀	妊娠♀	空断♀	后备♀	妊娠♀	空断♀	后备♀	妊娠♀	断奶♀	空怀♀	生产♂	后备♀	合计	哺乳料	妊娠料
日																						
……																						
六																						
合计																						

Ⅲ-3.3　保育舍周报表

年　月　日至　月　日第　周　　填表人：

周	初期存栏（头）	转入（头）	转出（头）	淘汰（头）	死亡（头）	销售（头）	末期存栏（头）	日耗料（kg）		
								教槽料	前期保育料	后期保育料
日										
……										
六										
合计										

Ⅲ-3.4　育肥舍周报表

年　月　日至　月　日第　周　　填表人：

周	初期存栏（头）	转入（头）	转出（头）	淘汰（头）	死亡（头）	销售（头）	末期存栏（头）	日耗料（kg）		
								小猪料	中猪料	大猪料
日										
……										
六										
合计										

Ⅲ-3.5　公猪舍周报表

周	年　月　日至　月　日第　周　　填表人：													
	初期存栏（头）		转入（头）		转出（头）		淘汰（头）		死亡（头）		末期存栏（头）		合计	日耗料（kg）
	生产♂	后备♂	生产♂	后备♂	生产♂	后备♂	生产♂	后备♂	生产♂	后备♂	生产♂	后备♂		
日														
……														
合计														

Ⅲ-4.1　分娩舍存栏及饲喂报表

日期	栋号：　　　　　　　　　饲养员：　　　　　　　　　　月份：													
	初期存栏（头）		调入/出生（头）		调出（头）			淘汰（头）		死亡（头）		末期存栏（头）		哺乳料（kg）	教槽料（kg）	备注
	母猪	仔猪	母猪	仔猪	母猪	仔猪	重量	母猪	仔猪	母猪	仔猪	母猪	仔猪			
1																
2																
……																

Ⅲ-4.2　配种妊娠舍日饲喂量及存栏报表

日期	栋号：　　　　　　　　　　　　　　饲养员：								
	初期存栏（头）	转入（头）	转出（头）	淘汰（头）	死亡（头）	末期存栏（头）	妊娠料（kg）	哺乳料（kg）	备注
1									
2									
……									

Ⅲ-4.3 保育舍存栏报表

栋号：　　　　饲养员：　　　　月份：

日期	初期存栏（头）	转入		死亡（头）	淘汰（头）	转出		销售（头）	末期存栏（头）	教槽料（kg）	保育前期料（kg）	保育后期料（kg）	备注
		数量（头）	重量（kg）			数量（头）	重量（kg）						
1													
2													
……													

Ⅲ-4.4 保育套餐用量对比表

套餐的目标是：_____d吃完_____kg料，增重_____kg，料肉比：_____

目标	转入（头）	转入时间	转入总重（kg）	标准套餐用量			预计出栏时间	实际出栏时间	预计出栏重（kg）	实际出栏重（kg）	预计料肉比	实际料肉比
				A	B	C						
	250											

标准耗料

饲料	头均重（kg）	总耗料（kg）	第1周（10d）	第2周	第3周	第4周	第5周	第6周			合计
日均采食量（g）			400	600	755	930	1 050	1 235			
A	4	1 000	1 000								1 000
B	16	4 000		1 050	1 321	1 628					3 999
C	16	4 000					1 838	2 161			3 999

实际耗料

饲料	头均采食量（kg）	总耗料（kg）	第1周（10d）	第2周	第3周	第4周	第5周	第6周	第7周	第8周	第9周	合计
A	4	1 000										
B	16	4 000										
C	16	4 000										

Ⅲ-4.5　育肥舍存栏报表

日期	初期存栏（头）	转入		死亡（头）	淘汰（头）	转出		销售（头）	末期存栏（头）	小猪料（kg）	中猪料（kg）	大猪料（kg）	备注
		数量（头）	重量（kg）			数量（头）	重量（kg）						
1													
2													
……													

栋号：　　　　饲养员：　　　　月份：

Ⅲ-4.6　育肥套餐用量对比表

4＋2套餐的目标是：_____d吃完_____kg料，增重_____kg，料肉比：_____

目标	转入（头）	转入时间	转入总重（kg）	标准套餐用量		预计出栏时间	实际出栏时间	预计出栏重（kg）	实际出栏重（kg）	预计料肉比	实际料肉比
				A	B						
	500										

标准耗料

饲料	头均耗料（kg）	总耗料（kg）	第1周	第2周	第3周	第4周	第5周	第6周	第7周	第8周	合计
A	160	80 000	5 250	5 950	6 3 00	6 650	7 000	7 350	7 700	8 050	
			第9周	第10周	第11周	第12周	第13周	第14周	第15周	第16周	
			8 400	8 750	9 100						80 500
B	80	40 000				9 450	9 800	10 150	10 500		39 900

实际耗料

饲料	头均耗料（kg）	总耗料（kg）	第1周	第2周	第3周	第4周	第5周	第6周	第7周	第8周	合计
A	160	80 000	第9周	第10周	第11周	第12周	第13周	第14周	第15周	第16周	
B	80	40 000									

Ⅲ-4.7 公猪存栏及饲喂登记表

栋号：　　　饲养员：　　　月份：

日期	期初存栏数（头）	转入		死亡数量（头）	淘汰数量（头）	转出		销售数量（头）	期末存栏数（头）	公猪料（kg）	备注
		数量（头）	重量（kg）			数量（头）	重量（kg）				
1											
2											
……											

6.7　猪场生物安全报表体系

生物安全体系涉及养猪的全过程，是预防疾病、生产管理、经营管理的基础。本报表体系建设性地提出了猪场生物安全的整体评价体系，从猪场水质、抗体抗原检测和防控措施三个方面来进行综合评判，从而让猪场的生物安全工作更具系统性和方向性，同时对猪场兽医服务工作情况也进行了全面的评价。

6.7.1　猪场生物安全报表体系的层级

猪场生物安全报表体系分为三个层级。三级报表是生物安全各项工作内容的检测数据，由组长或兽医负责；二级报表是三级报表的汇总，并对猪场整体生物安全情况进行评分，由场长负责；一级报表则是对猪场生物安全现状及改善情况的检查，由总经理负责（表6-5）。

表6-5　猪场生物安全报表体系

报表层级	一级报表	二级报表	三级报表	
	总经理负责	场长负责	组长或兽医负责	
猪场生物安全报表体系	猪场兽医服务检查表	猪场生物安全整体评分表	水质	水质检测报告
				饮水流量标准

（续）

报表层级	一级报表	二级报表	三级报表		
	总经理负责	场长负责	组长或兽医负责		
猪场生物安全报表体系	猪场兽医服务检查表	猪场生物安全整体评分表	抗原抗体	抗体检测项目表	
				采样分布比例记录表	
				个体采样记录表	
			防控措施	场外人员登记表	
				猪舍空栏/带猪消毒表	
				场内流行病记录表	
				分娩舍批次免疫记录表	
				保育舍批次免疫记录表	
				育肥舍批次免疫记录表	

6.7.2 猪场生物安全报表体系的支撑报表阐述

Ⅳ-1 猪场兽医服务检查表

类别	项目	标准	权重	评分	原因分析
猪场评估	水质	达到饮用水标准	10		
	猪群抗体	达标	10		
	生物安全	做到安全生产、生产安全	10		
猪场免疫程序	免疫程序	严格按照免疫程序执行	20		
猪场保健用药规范	保健用药规范	对症用药、不滥用、不浪费	20		
猪场兽药、疫苗费用	每月汇总各单元费用情况	通过费用可反追踪其免疫程序是否执行到位	10		
猪场周报、月报	猪场猪群情况	以电子档的形式汇总	20		
总计			100		

IV-2　猪场生物安全整体评分表

项目	细则	分值	x月	评分人	x月	评分人	总负责人	备注
水质 （10%）	水质检测	5						
	饮水流量	5						
抗原抗体 （55%）	猪瘟	10						
	猪伪狂犬病	10						
	猪繁殖与呼吸综合征	10						
	猪圆环病毒病	10						
	猪口蹄疫	5						
	非洲猪瘟	10						
防控措施 （35%）	消毒防疫	5						
	病死猪、污水、粪便无害化处理	5						
	场内非相关动物的处理 （其他禽畜的饲养情况及"四害"处理）	5						
	场内卫生（生活区、生产区）	5						
	猪群免疫	5						
	猪群药物保健记录	5						
	场内流行病学记录	5						
总分		100						

IV-3.1　水质检测报告与标准

取样时间：		取样地点：检测时间：				
项目	单位	标准限值	第一次检测结果	单项评价	第二次检测结果	单项评价
色度	°	≤15				
浑浊度	NTU	≤1				
臭和味		无臭、无味				
肉眼可见物		无				
pH		6.5 ~ 8.5				
总硬度（$CaCO_3$计）	mg/L	≤450				
铁	mg/L	≤0.3				
硫酸盐	mg/L	≤250				
砷	mg/L	≤0.01				
大肠菌群总数	MPN/100mL	不得检出				
其他细菌总数	CFU/mL	≤100				

IV-3.2　饮水流量标准

猪舍类别	饮水器流量（L/min）		评分	备注
	标准	实际		
后备舍	＞1			
妊娠舍	＞1			
分娩舍	＞2			
保育舍	＞0.5			
育肥舍	＞1			
公猪舍	＞1.5			

IV-3.3　猪场抗体水平监测表

送检猪场：　　　　　联系人：

检测日期	检测项目	样本类别	检测头数	标准值	检测结果

IV-3.4　采样分布比例记录表

编号	猪场名称：基础母猪存栏头数：			
	母猪（胎次）	母猪数量（头）	标准比例（%）	实际占比（%）
1				
……				
小计				
编号	仔猪（周龄）	仔猪数量（头）	标准比例（%）	实际占比（%）
1				
……				
小计				

注：1.数目要求：种猪存栏数目的10%～20%，仔猪每阶段不少于20分。
　　2.阶段要求：母猪分胎次，仔猪分周龄采样。

IV-3.5 猪场个体采样记录表

编号	母猪		栏号	胎次	编号	仔猪		栏号	胎次
	母猪耳号	状态				周龄	状态		
1									
……									

IV-3.6 外来人员登记表

日期	姓名	来场事由	是否需入场	消毒

IV-3.7 猪舍内空栏/带猪消毒记录表

日期	栏舍栋号	空栏/带猪	消毒剂名称	配比	操作人

IV-3.8 猪场周边及场内流行病史记录表

时间	流行病名称	持续时间	预防/治疗措施	效果	备注

IV-3.9 分娩舍批次免疫记录表

编号	栏号	母猪耳号	分娩日期	产活仔量（头）	免疫（头）	免疫日期	免疫日期	免疫日期	免疫日期	免疫日期	操作人
1											
2											

IV-3.10　保育批次免疫记录表

栋舍	转入日期	转入日龄（d）	转入（头）	免疫（头）	疫苗名称	免疫剂量	操作人

IV-3.11　育肥批次免疫记录表

栋舍	转入日期	转入日龄（d）	转入（头）	免疫（头）	疫苗名称	免疫剂量	操作人

　　猪场在重视建立数据管理报表体系的同时，需要有报表记录的管理制度，让员工能够重视报表填写，保证数据的真实性和及时性，避免在报表记录中产生数据不准确、统计不全、不能长久坚持，最终使报表记录流于形式的情况出现。

6.8　猪场管理软件——猪场进行大数据分析的有力工具

　　数据对于猪场非常重要，随着计算机技术、网络技术和通信技术的发展和应用，猪场信息化已成为猪场生存与发展的基本条件之一，以前人工处理猪场庞大的数据报表工作量大，容易出错，而猪场信息化可以让这些都变得简单、及时且高效。也在这样的契机下，许多的农牧企业开始了对猪场信息化的探索，开发出了与猪场管理相关的许多软件。

6.8.1 猪场管理软件是什么？

猪场管理软件是通过积累养猪大数据，为养猪场提供管理、大数据分析等综合服务的猪场信息化工具，可以实现结果的准确查看分析、过程的及时监管。

猪场管理软件实现猪场管理的转型升级

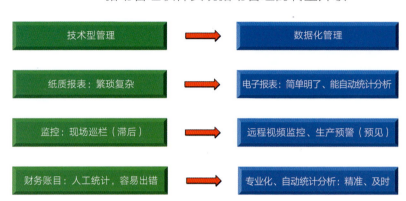

6.8.2 猪场管理软件给猪场带来的益处

（1）场长不需要辛苦核算报表　以前猪场每个月都需要汇总一大堆的报表，月底就是统计工作最忙的时候。而用上猪场管理软件之后，只要坚持每天输入数据，软件会自动汇总各种数据，并作相应分析。

（2）能适时查看各项生产性能报表　猪场管理软件可以随时查询猪场各类生产指标，对各项指标分、周、月、年及个体档案详细查询。

（3）可以加强过程管理（图6-2）　生产指标的数据是一个结果，当去查看分析结果时它已经是一个不可改变的事实。一个好的管理软件应该具备过程管理功能，在生产过程中发现异常并及时纠偏纠错，以期产生一个好的结果。在管理软件中可以通过对猪场的各项指标设定标准，如断奶配种天数、哺乳天数、孕检天数、标准饲喂模式、免疫程序等；对猪场生产环节中的各种生产进行提示，如待配母猪提示、分娩提示、断奶提示、免疫提示、采食量异常提示等，猪场管理者可以根据提示，提前干预、解决问题。

（4）个体指标帮助及时淘汰母猪　猪场管理软件可以设置多个母猪淘汰指标，并根据淘汰指标自动对需要淘汰的母猪进行提醒，解决了生产中统计量大、淘汰不及时、缺乏淘汰标准等问题，能帮助猪场及时、准确地淘汰无用母猪。

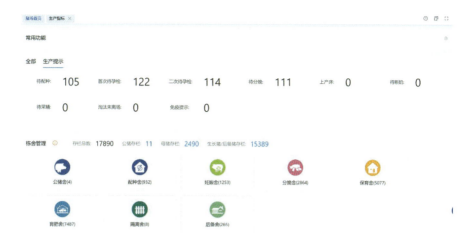

图6-2 猪场管理软件可以实现过程管理

（5）耳号档案管理不再难（基础工作） 猪场管理软件的种猪耳号档案记录，可以让猪场管理者随时都能查询单头母猪一生的信息，避免了猪场因为丢失或损坏耳号而使种猪档案不齐全的情况。

（6）猪场管理软件可以实现猪的批次化管理 现在一些公司推出的猪场管理软件可以实现猪的批次化管理，可以对每个批次的生产指标及饲料、兽药、疫苗的耗用进行分批次记录查询。这对自繁自养场的保育育肥舍特别重要，可以准确查询每个批次保育育肥猪的生产及成本情况。

（7）简单化的图表分析一目了然 猪场管理软件的页面和数据分析采用了简洁的表格化或图形化形式，让数据输入工作和数据查询变得简单且明了。

6.8.3 猪场管理软件操作方法

（1）适用客户群 专门为规模猪场量身打造，也适用单一的养猪企业或"公司＋农户"型养猪场，以及小型养猪场。

（2）适用操作对象 适合猪场统计人员、仓库管理员、财务人员、场长、组长、饲养员等操作。

（3）使用猪场管理软件要求

硬件设备：计算机、打印机，且能上网。

使用条件：公司的重要经销商，达到公司的开户标准。

专业门槛：对专业水平的要求很低，不需要再学习专业会计和计算机知识。

数据输入：及时、准确输入基础数据，以及日常业务数据和期末盘点数据等。

（4）猪场管理软件生产数据记录管理流程 见图6-3。

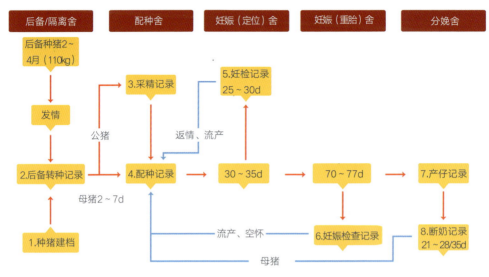

图6-3　猪场管理软件生成数据记录管理流程

（5）猪场管理软件的使用步骤　见表6-6。

表6-6　猪场管理软件使用步骤

步骤	具体操作	要求	效果
建账	1.栏舍内抄取母猪档案卡信息（母猪耳号、胎次、当前状态等）。 2.对各栏舍的名称与编号进行分类。 3.盘点各栏舍各阶段猪群存栏情况。 4.兽药、疫苗仓库盘点。 5.饲料仓库盘点。	网络、计算机、打印机，由专人输入。	输入要求填写的内容，软件自动生成现阶段猪场的生产情况。
每日猪群动态输入	1.每日将全场猪群动态（配种、分娩、断奶、死亡淘汰、销售、转舍等）输入软件中。 2.每日将仓库出库的兽药、疫苗、饲料输入软件中。	输入数据准确。	每日的生产情况及物资费用一目了然。
生产情况分析	进入软件可以按时间、栏舍、阶段、批次查看生产情况。		通过数据分析生产情况和物资使用情况。

7 实现猪场清单式管理
之现场5S管理

清单式管理不是一种理论，而是多种理论实践的独特方式。它并不排斥使命、价值观、文化、思想理念、管理原则和领导艺术等抽象的精神元素，而是力图将这些元素转化为具体可操作的措施和行为，让它们落地。

猪场现代化管理达到的最佳状态是：

猪舒服（身体爽）——猪群健康、能吃、快长。

人幸福（心里爽）——能充分发挥员工的主观能动性、积极性，员工想做、能做、做到位。

身体爽叫舒服，心里爽叫幸福。要做到猪舒服、人幸福，首先就要求猪场能有一个整洁的环境、井然有序的工作方式及轻松舒服的生活、生产氛围。对照我们现在大多数猪场环境的脏、乱、差，很有必要引入现代企业现场管理中的5S管理，让猪场先做到整洁、有序，让猪场人员有尊严地工作和生活。

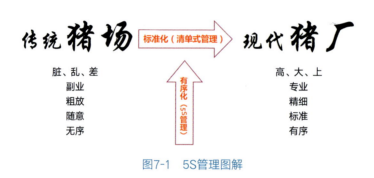

图7-1　5S管理图解

7.1　什么是5S管理？

5S管理即5S现场管理法，是指在生产现场对人员、设备、材料、方法等生产要素进行有效管理，是现代企业的一种管理模式。

5S管理即整理（seiri）、整顿（seiton）、清洁（seiketsu）、清扫（seisou）、素养（shitsuke）。5S管理的核心就是"素养"。5S就是要通过持续有效的改善活动，塑造一丝不苟的敬业精神，培养勤奋、节俭、务实、守纪的职业素养。

7.2 猪场推行5S管理的好处

　　实施5S的优点如此之多，而作为一直被外界认为是"脏、乱、差"的养猪场更应该进行5S管理。猪场在现场管理上有不少方法可以使用，但推行5S管理可能会使效果更明显一些（图7-2）。

1　猪场区域标识明显，用具整齐，利于消毒防疫

2　员工会将更多的精力集中用在生产中

3　减少浪费、库存，降低猪场保本点

4　提高猪场和管理者在行业内的形象

5　提高员工工作的积极性和工作氛围

6　客户会对肉品质或种猪品质产生信赖

图7-2　5S管理的优点

7.3 猪场5S改善对象及目标

　　见表7-1。

表7-1 猪场5S改善对象及目标

实施项目	改善对象	目　　标
整理	空间	清爽的工作环境
整顿	时间	一目了然的工作场所
清扫	设备	高效率、高品质的工作场所
清洁	脏、乱来源	卫生、明朗的工作场所
素养	纪律	全员参与、自觉行动的习惯

7.3.1　猪场5S管理——整理

将猪场需要和不需要的东西进行分类，丢弃或处理不需要的东西，管理需要的东西。药房整理前和整理后的对比效果见图7-3。

定义	1.区分要与不要的物品。
	2.现场只保留必需的物品。
好处	1.减少库存量。
	2.有效利用空间。
	3.东西不会遗失。
猪场推行要领	1.对各栋猪舍的物品进行盘点。
	2.制定该猪舍物品要和不要的判别标准。
	3.确定要的物品及数量。
	4.把不需要的物品从栏舍中清除出去。

药房整理前

药房整理后

图7-3　药房整理前后的对比效果

7.3.2　猪场5S管理——整顿

整顿是放置物品标准化，使任何人立即能找到所需要的东西，减少"寻找"时间上的浪费。猪场整顿前后对比效果见图7-4。

定义	必需品按规定摆放整齐有序，明确标示。
好处	1.减少搬运、周转现象。
	2.减少浪费和不必要的作业。
猪场推行要领	1.对物品进行分类。
	2.决定物品放置的位置、数量、方式，划线定位。
	3.物品及放置位置可明确标示。
	4.物品摆放整齐、有条不紊，实行定置管理。

整顿前无猪牌

整顿后有猪牌

图7-4　猪场整顿前后的对比效果

7.3.3　猪场5S管理——清扫

真正的"清扫"应是除了消除污秽，确保员工健康、安全、卫生外，还能早期发现栏舍设备的异常、松动等，以达到全员预防保养的目的。猪场杂草处理效果见图7-5。

定义	1.清除现场内的脏污。	
	2.清除作业区域的物料、垃圾。	
好处	1.提升设备性能。	
	2.提升品质,减少故障。	
猪场推行要领	1.将地面、墙壁、窗户打扫干净。	
	2.对仪器、设备等进行清扫、维护、检查。	
	3.将产生污染的污染源清扫干净,加强源头管理。	
	4.制定清扫程序,明确责任人,检查评比效果。	

图7-5　猪场杂草处理的对比效果

7.3.4　猪场5S管理——清洁

　　清洁并不是"表面行动",而是表示"结果"的状态,而"长期保持"整理、整顿、清扫的状态就是"清洁",根除不良和脏乱的源头也是"清洁"(图7-6)。

定义	将整理、整顿、清扫的做法制度化、规范化，维持其成果。
好处	1.美化猪场、猪舍的工作环境。
	2.根除发生灾害的原因。
猪场推行要领	1.猪场要循环往复地做整理、整顿、清扫，不断深入。
	2.制定清洁制度，明确清洁状态。
	3.定期检查、评比。

猪场标准化操作

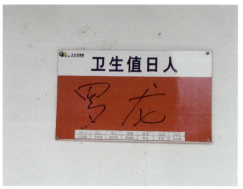

程序与负责到人

图7-6　清洁

7.3.5 猪场5S管理——素养

5S在推行中最重要的是"素养"。推行5S实际上是要保持日常习惯，需要亲身去体会、实行，由内心得到认同的观念。因此，养成习惯、自觉遵守纪律的事情，就是"素养"（图7-7）。

定义	人人按章操作、依规行事，养成良好的习惯。
好处	1.减少不注意因素，员工遵守规定事项。
	2.培养良好的人际关系。
猪场推行要领	1.制定技术标准、管理标准、工作标准。
	2.从严执行，违者必究，知错就改，形成习惯。

图7-7　制度与培训

7.4 猪场5S管理推行步骤

5S管理需要长期规划和执行，猪场在以下几种情况下导入，其成功率较高。

◆ 猪场扩大、搬迁或进行比较大的改造之后。

◆ 当猪场引进新产品、新技术、新设备、新管理时。

◆ 新年度开始之际。

猪场5S推行步骤见图7-8。

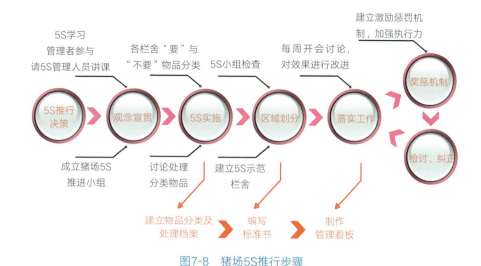

图7-8　猪场5S推行步骤

7.5　5S管理——建立整洁有序的标准化猪场

　　5S管理给猪场带来的成效是非常显著的。猪场落实5S管理，可以提供一个整洁、有序的工作环境，有利于猪场生物安全的落实，预防疾病，提升猪群健康水平，从而提高猪场的生产成绩。

　　推行5S管理还可以从视觉和思维层面给员工以极大的触动，让所有员工都能深刻了解做事情的标准和要求。5S从小处、易处着手，改变老习惯，规范员工行为，按照清单要求做事，减少浪费，提升效益，进入持续改善的良性循环。

　　因此，猪场实施5S管理是非常必要的，下面就是由5S管理打造的标准化猪场的部分图片。

　　（1）猪场优美整洁的外部环境

猪场大门

场区全景

（2）猪场干净整洁的内部环境

宿舍区

运动场

用餐区

生产区

（3）猪舍整洁清爽的内部环境

保育舍

配怀舍

分娩舍

育肥舍

储物间　　　　　　　　　　　　　　　　　药品柜

（4）猪场健康向上的文化环境

会议室　　　　　　　　　　　　　　　　　学习墙

（5）猪场丰富的休闲娱乐氛围

比赛活动　　　　　　　　　　　　　　　　活动颁奖

篮球比赛　　　　　　　　　　　　　　　　乒乓球比赛

（6）猪场积极乐观的员工状态

7.6 猪场5S及生物安全管理清单示例

猪场推行5S管理项目，能把场内的一切安排得井然有序，这也是猪场生物安全落实的基础。

我们可以通过清单式管理，将猪场的5S及生物安全管理结合起来，当我们感叹"简直不能相信有这么干净的猪场"时，现代化猪场的面貌和效益也自然而然地呈现出来了。

"场"的无序　　　　　　　　　　　　　　　　"厂"的有序

全面推行5S管理后，猪场的整体面貌就会焕然一新，猪场可以成为一个美丽的农场，有着优美的环境、干净整洁的场所、井然有序的工作节奏，养猪人在猪场能够开心快乐地工作、生活，把猪场当成自己的家，生活充满幸福感，同时猪场的经营管理也会更上一层楼。

产房5S及生物安全管理清单示例见表7-2。

表7-2 产房5S及生物安全管理清单示例

项目	要求	细则	分值
进猪前栏舍清洗	安全	清洗、消毒产房时必须保证操作人员的人身安全，同时有2个人在场（2分）。	7
		冲洗栏舍前需关掉舍内电源（2分），用塑料薄膜包裹插座，防止插座内进水（1分）。	
		清洗过程中操作人员需穿雨衣、绝缘靴、戴绝缘手套，防止清洗过程发生漏电情况（2分）。	
	清理	首先需将栏舍内的生产工具、物资移出，如保温灯、盖板、垫布、料车、扫把、粪铲、接产工具等（2分）。	6
		移走所有可移动的设备，如电子秤、风扇、饲料垫板等（2分）。	
		移走剩余母仔猪饲料，清理母仔猪料槽内的剩料（2分）。	
	清扫	先清扫墙角、产床等各处蜘蛛网；清扫地面、排污通道及产床的母仔猪积粪，打扫地面灰尘、粪便等（1分）。	2
		将垃圾统一打包至垃圾池处理（1分）。	
	浸泡	使用5%氢氧化钠溶液或洗衣粉溶液喷洒，浸泡20min以上；或者用水先初步冲洗栏舍，水中加入去油污清洁剂，软化表面，浸泡半天时间（2分）。	5
		喷洒在母仔猪料槽外表面及漏缝地板、保温箱（2分）。	
		排污通道、粪沟等（1分）。	
	清洗	使用高压水枪至少彻底冲洗2次，冲洗栏舍内物体外表面，不留死角（3分）。	10
		栏舍（栏杆、料槽、漏缝板、保温箱）及接缝处（2分）。	
		卷帘布、墙面、窗户等外表面（1分）。	
		水管外表四周、风扇通风槽，天花板外表面（1分）。	
		保温灯、盖板、垫布、料铲、料车、扫把、粪铲、接产工具等生产工具（2分）。	
		墙角、漏缝地板保温箱死角等（1分）。	
		小计	30

（续）

项目	要求	细则	分值
进猪前栏舍消毒	化学消毒	待清洗彻底干燥后再消毒，消毒机至少喷雾2次，每次使用不同的消毒剂，每次消毒间隔应彻底干燥（3分）。	5
		其间可进行设备检修（料槽、电子秤、降温或保温设备等）（2分）。	
	物理消毒	常见消毒方式：清洗、消毒间隔的空栏干燥（2分）。	4
		火焰消毒（2分）。	
	水线消毒	将水嘴拆卸后集中浸泡消毒1d，并检修更换水嘴，统一消毒（3分）。	7
		水箱及水管线用漂白粉（1∶5000）进行消毒（3分）。	
		消毒后装好水嘴，确保饮水系统不堵塞（1分）。	
	熏蒸	将生产工具放回原位（2分）。	11
		密闭，每立方米用30mL福尔马林溶液＋15g高锰酸钾＋15mL水（3分）。	
		温度20℃以上，相对湿度65%以上，密闭熏蒸（3分）。	
		密闭24h后开窗通风（空栏72h）（3分）。	
	石灰消毒	配制10%～20%石灰乳，用喷雾水枪全面喷洒一遍，包括栏杆、料槽、漏缝板、保温箱、墙面、地面等。	4
	栏舍周边消毒	将栏舍外垃圾、粪便、杂物、杂草等清扫干净（3分）。	9
		使用消毒机对外墙面、栏舍1m范围内地面进行喷雾消毒（3分）。	
		栏舍1m范围内地面撒石灰粉消毒（3分）。	
	小计		40
日常消毒	产前消毒	母猪进产房前，对猪体清洗、消毒及对体表进行驱虫，如用辛硫酸溶液沿猪脊背从两耳根浇洒到尾根，可有效驱杀猪螨、虱、蜱等体外寄生虫；母猪分娩前，使用0.1% KMnO₄溶液对乳房、外阴部及周围进行清洗、消毒，以及漏缝板消毒（2分）。	2
	哺乳期间消毒	选择几种常用的消毒药水，每周至少2次带猪消毒，轮流更换。冬季消毒要控制好温度与湿度，防止腹泻（2分）。	2
	进栏舍消毒	进入猪舍的人员必须脚踏消毒池，每周更换2～3次消毒水，保持有效浓度，使用不同的消毒药，如碘类消毒剂、过氧乙酸、复合酚等（2分）。	2
	产房周边消毒	日常产房周边消毒，如碘制剂溶液、复合酚、过氧乙酸溶液等（2分）。	2
	器械消毒	接产工具、医疗器械每次使用后都需进行消毒水浸泡消毒或煮沸消毒。	2
	小计		10

（续）

项目	要求	细则	分值
人员消毒	进出生产区消毒	人员进入生产区先消毒，再进入消毒室，关门、开启紫外线灯（人员停留15min），脚踏消毒水，淋浴更衣后进入。进出生产区都需更换专用鞋、服。	5
	车辆消毒	饲料运输车和猪群转移车全车需喷雾消毒，停10min再使用1：400卫可溶液；车辆经过大门消毒池使用3%氢氧化钠溶液消毒，消毒池20cm深，长度至少为汽车轮胎周长的2倍，同时司乘人员进入人员通道消毒区消毒。	5
		小计	10
其他事项	病死猪处理	死亡猪作无害化处理，地面撒石灰等（2分）。	2
	蚊虫、鼠害	一个季度至少进行一次药物灭鼠，平时动员工进行人工灭鼠，每月定期灭蝇、灭蚊（2分）。	2
	其他畜禽	任何人不得从场外购买猪肉、牛肉、羊肉及其加工制品并带入场内，场内职工及其家属不得在场内饲养禽畜及宠物（如猫、犬）（2分）。	2
	粪污处理	根据猪场粪污处理工艺，对粪污进行固液分离，固体粪便集中收集，制作有机肥料或对外销售等；猪场污水进行沼气池、人工湿地、曝氧池、好氧池等工艺逐级处理达标后排放，尽量减少对周围环境的污染（4分）。	4
		小计	10
		总计	100

清单式
管理

猪场现代化管理的有效工具

8

猪场清单式管理具体
应用案例

8.1 清单式管理提升猪场人员的执行力

在生猪产业中，就提高生产效率而言，最让经营者和管理者感到头疼的是员工执行力差的问题。他们大多数认为执行力差是员工能力和态度的问题，其实这种观点是不对的。执行力差是现象，管理不善才是本质。提升员工的执行力是所有企业运作中最重要的管理工作。

"在企业运作中，其战略设计只有10%的价值，其余的都是执行的价值。"——哈佛商学院前院长波特

"没有执行力，就没有竞争力！微软在未来十年内，面临的挑战就是执行力。"——比尔·盖茨

"沃尔玛能取得今天的成就，执行力起了不可估量的作用。"——罗伯特·沃尔顿

有专家很到位地总结了执行力差的五大原因，有"不知道干什么""不知道怎么去干""干起来不顺畅""干好了有什么好处""干不好有什么坏处"。

清单式管理一开始的出发点就是要强调解决执行力的问题，首先建立起标准的概念，包括在目标、程序、操作三个层面都建立了标准，这就如有了一把尺子、一面镜子；在执行的过程中，时时可以评估执行力有没有偏差，偏差了多少。利用管理清单找到问题关键和症结所在，让员工清楚"要干什么""怎样才是干到了位"，并进一步按照管理清单的流程标准，"知道怎么去干"，并且"干起来顺畅"，干完之后了解"干得怎么样"，再对照清单中的标准、考核清楚"干好了有什么好处""干不好有什么坏处"。

在生猪产业转型升级的发展时代，很有必要利用清单式管理这一提升现代化猪场养殖效益的有效工具，撬动和提升猪场人员的执行力，从而提高猪场的生产效率。

8.2　借助PDCA管理循环步骤实施猪场清单式管理

PDCA管理循环是由美国质量专家戴明博士提出，现广泛应用于质量管理中的基本工作方法。PDCA管理循环的作用被日本企业品质管理专家在持续改善品质的过程中使用得淋漓尽致。PDCA循环是能使任何一项活动可以有效进行的一种合乎逻辑的工作程序，借助PDCA管理循环步骤也能很好地实施猪场清单式管理。PDCA循环图见图8-1。

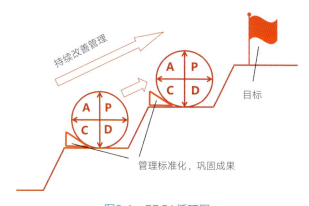

图8-1　PDCA循环图

P-plan（计划）：对照管理一级清单分析现状，找出存在的问题。

　　　　　　　　对照管理一级清单分析问题的原因，再确定目标，并进行目标分解，从而提出解决方案。

　　　　　　　　对照二级清单确定实施的标准流程。

D-do（执行）：执行实施清单内容，并加以过程控制。

C-check（检查）：填写相关记录表格，对照清单检查执行结果。

A-action（完善）：总结成功经验，制定提升标准。

　　　　　　　　　未解决的问题进入下一个PDCA。

PDCA循环需持续追踪，每个项目需结项、闭环，并不断地向目标螺旋上升。

8.3 猪场清单式管理案例——香香牧业有限公司提升PMSY案例解析

香香牧业有限公司（以下简称"香香牧业"）是一个存栏500头母猪的自繁自养场，交通便利，地理位置优越，生产设施和栏舍布局都比较好。但是，猪场从建场至今一直就处于行情好时赚小钱、行情差时就亏损严重的状态，管理者很是焦虑，但却一直找不到猪场效益差的具体原因。香香牧业2013年生产销售情况见表8-1。

表8-1　香香牧业2013年生产销售情况

项目	存栏量（头）	平均哺乳天数（d）	平均妊娠天数（d）	总窝产仔数（头）	总产活仔数（头）	胎均产活仔数（头）	哺乳仔猪成活率（%）	保育仔猪成活率（%）	育肥猪成活率（%）	年提供断奶仔猪数（头）	出售商品猪数（头）
香香牧业	500	25	115	920	9 844	10.7	92	96	98	9 056	8 520

8.3.1　P——对照猪场一级管理清单分析现状，找到问题，设定工作目标，确定方案，制订计划

数据记录　　　　　　　　妊娠母猪舍核查表

猪场服务案例

（1）参照猪场管理清单标准，分析猪场生产数据，找出实际与标准的差距，从众多纷杂的数据中找到猪场存在的关键问题。

香香牧业年生产销售表的生产数据显示：

①窝均产活仔数为10.7头（对照猪场一级管理清单：Ⅲ-2中的窝产活仔数标准为初产母猪＞10.5头，经产母猪＞11头），处于行业中等水平。

②猪场成活率分别为92%（哺乳仔猪）、96%（保育仔猪）、98%（育肥猪）（对照猪场管理清单：Ⅳ-2中的哺乳仔猪存活率95%，Ⅴ-2中的保育仔猪存活率96%，Ⅵ-2中的育肥猪存活率98%），全群存活率为86.6%。通过与猪场一级管理清单标准对照，除哺乳仔猪存活率存在一定提升空间外，其他阶段的成活率均处于较理想水平。

但是，猪场效益依旧不理想，关键问题到底在哪里呢？猪场又该从何着手？

继续对猪场生产数据进行分析。

③年提供断奶仔猪数为9 056头，则PSY为18.1头，与猪场管理清单标准年提供断奶仔猪12 000头（Ⅳ-2哺乳母猪生产指标：PSY＞24头）存在较大差距（−2 744头）。

④猪场年销售育肥猪为8 508头，相当于PMSY为17头。按照猪场管理清单标准要求，香香牧业每年要出栏育肥猪11 250头（Ⅵ-2生长育肥猪生产指标：PMSY＞22.5头），每年少出栏育肥猪2 742头。

由于猪场的效益直接来源于PMSY，而PMSY＝PSY×保育成活率×育肥成活率，在保育仔猪及育肥猪存活率较理想条件下，PSY就成为猪场PMSY的决定因素。因此，猪场PSY低是猪场效益不高的关键因素，提高猪场PSY是解决当前香香牧业效益不理想的最为关键的任务。

（2）对照猪场一级清单，分析产生问题的原因，设定目标，并对目标进行分解。

①影响PSY原因解析。见图8-2。

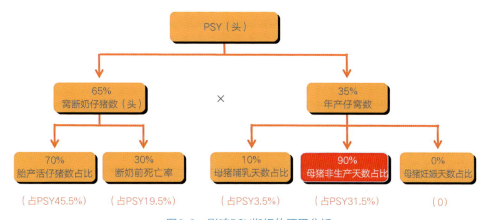

图8-2　影响PSY指标的原因分析

在猪场，PSY是一个非常重要的指标，由图8-2可知，PSY的多少由窝断奶仔猪数（65%）和年产仔窝数（35%）决定。其中，窝断奶仔猪数是由胎产活仔猪数（70%）

和断奶前死亡率（30%）决定；母猪年产胎次的影响因素包括母猪妊娠天数（固定，可忽略）、哺乳天数（10%）及母猪非生产天数（90%）。

②提升猪场PSY方案探讨。要提升猪场PSY，无非从以下两方面着手：

第一方面：提高母猪窝产活仔数与仔猪成活率（影响比例分别为19.5%、45.5%）。该途径通过品种改良、配种环节控制、猪场环境控制等手段得到提高。而香香牧业的生产数据表明猪场的活仔数和成活率都处于比较高的水平，猪场在该方面应该做得比较到位，可能有一定的提升空间，但很难走出猪场当前的困局。

第二方面：提高母猪年窝产仔数（胎次）（影响比例为35%），即提高母猪的生产效率。香香牧业母猪的年产胎次为1.84胎（年产胎次＝年产总窝仔数÷经产母猪头数）（表8-2），与猪场标准水平（Ⅲ-2标准：年产窝数≥2.3胎）的差距较大。

表8-2　香香牧业年产胎次与猪场标准比较效益分析

项目	经产母猪（头）	胎产活仔数（头）	年产胎次	胎次相差	总产仔窝数（头）	总产仔数相差（头）	哺乳仔猪存活率（%）	PSY（头）	PSY相差（头）
香香牧业			1.84		9 844			9 056	
	500	10.7		0.46		2 461	92%		2 264
清单标准			2.30		12 305			11 231	

从表8-2可以看出，香香牧业母猪年产胎次只有1.84胎，比猪场管理清单标准的优异水平少了0.46胎。在窝产仔数与哺乳仔猪存活率相同情况下，500头母猪猪场每年提供的PSY就少了2 264头。如果计算其可带来的效益，损失应该非常大。

所以，提高香香牧业母猪的年产胎次，可以比较明显地提升PSY。那么怎样才能有效提高母猪年产胎次呢？

③母猪年产胎次提升方案探讨。我们知道，母猪年产胎次＝（365－非生产天数）÷（妊娠天数＋哺乳天数）

由公式可知，母猪妊娠天数基本固定，而母猪哺乳天数与非生产天数则因猪场不同存在差异。因此，提高母猪年产胎次的途径是要么缩短母猪哺乳天数，要么降低母猪非生产天数。

方案一，缩短母猪哺乳天数

假设母猪妊娠天数为115d，母猪非生产天数不变，断奶日龄从原来的25d缩短至21d，根据母猪NPD计算方法可知，25d断奶时母猪非生产天数＝365－（115＋25）×1.84＝107d，所以：

A.21d断奶时母猪年产胎次＝（365−107）÷（115＋21）＝1.90胎

B.缩短哺乳天数可增加年产胎次＝1.90胎−1.84胎＝0.06胎

C.可给猪场一年增加PSY＝0.06胎×500×10.7头×92%＝295头

通过缩短母猪哺乳时间4d，每头母猪一年可多产0.06胎，则500头母猪每年可增加PSY 295头。但是过早断奶必然会增加猪群死亡、感染疾病及生长性能降低等风险，而且母猪产后自身恢复需要一定时间，正常情况下母猪哺乳天数不应低于21d（Ⅳ-2标准：哺乳天数21～25d）。因此，希望通过缩短哺乳时间，来提高母猪年产胎次方案的可行性有限且要承担较大的风险。

方案二，降低母猪非生产天数（NPD）

首先，我们对母猪非生产天数（NPD）作一个解析。

A.NPD的定义。

任何一头生产母猪和超过适配年龄的后备猪，没有妊娠、没有哺乳的天数，就称为非生产天数（non-productive day，NPD）。

一般来说，将产后5～7d内的断奶再发情间隔称为正常非生产天数，而将由断奶后发情延迟、返情及流产等所导致的生产间隔均称之为非正常非生产天数（或称为非必需生产天数）。在猪场的管理中通常计算的是母猪年非生产天数。

B.NPD的计算方法。

公式1：NPD＝365−（妊娠期＋哺乳期）×年产胎次（常用）

说明：a）此公式计算的NPD为每年非生产天数

b）年产胎次＝全年产仔窝数÷年经产母猪平均存栏数

c）经产母猪平均存栏数的准确性会受母猪更新和淘汰等的影响，从而影响NPD的精准性。

公式2：NPD＝（非生产天数÷日存栏数）÷月天数×365（管理软件内公式，如"大北农猪联网"）

说明：a）NPD：每头母猪每年的非生产天数。

b）非生产天数：根据每天录入的母猪生产状态（如空怀、返情、淘汰等）统计得出来的，每个月统计1次，所以是猪场内总的存栏母猪一个整月的非生产天数

c）（非生产天数÷日存栏）÷月天数，为每头母猪分摊到每天的非生产天数。

通过计算可知，香香牧业母猪年非生产天数为107d，而猪场管理标准为小于45d〔Ⅲ-2非生产天数＜45d/（头·年）〕，两者存在较大的差距。也就是说，与标准相比，香香牧业每头母猪每年至少要再多吃62d的饲料。

假设母猪妊娠天数115d，哺乳天数25d，其他指标不变，则通过降低62d NPD可

以实现：

a）母猪年产胎次可提高 ＝（365−45）÷（115＋25）−（365−107）÷

　　　　　　　　　　（115＋25）＝0.44胎

b）每年可多提供PSY＝0.44×10.7×500×92％＝2 166头

　　除每年多提供2 166头PSY可给猪场带来非常可观的经济效益外，降低62d的NPD所节约的饲料成本同样不少，所以降低香香牧业的NPD可以非常有效提高猪场母猪年产胎次，明显提高猪场PSY，增加猪场收益。

　　因此，降低猪场母猪NPD，是香香牧业更为有效的解决母猪年产胎次低、提升猪场效益的途径。

　　④影响母猪NPD的主要原因分析。见图8-3。

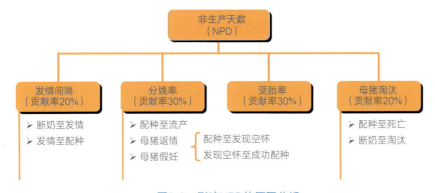

图8-3　影响NPD的原因分析

从图8-3中可以看出，影响母猪NPD的主要关键点为以下四个方面：

A.发情间隔（Ⅲ-2 断奶发情间隔＜7d）。

B.分娩率（Ⅲ-2分娩率＞90％）。

C.受胎率（Ⅲ-2受胎率＞95％）。

D.母猪淘汰（Ⅲ-2异常母猪淘汰率＞90％）。

　　⑤设定目标。根据猪场现状，对照猪场管理清单标准，将猪场NPD降低目标分解，确定阶段性预计达成的量化目标（假设猪场存活率、窝产仔数不变，表8-3）。

表8-3　阶段性量化目标设定

具体改进指标	清单标准	香香牧业现状	6个月改进后目标	预计改进目标
NPD（d）	＜45（Ⅲ-2）	107	62	−45
年产胎次（胎）	＞2.30（Ⅲ-2）	1.84	2.16	＋0.32

（续）

具体改进指标		清单标准	香香牧业现状	6个月改进后目标	预计改进目标
PMSY（头）		＞22.5（Ⅵ-2）	17	20	＋3
PSY（头）		＞24（Ⅳ-2）	18.1	21.3	＋3.2
发情	7d内的发情率（%）	≥90（Ⅲ-2）	75	85	＋10
配种	受胎率（%）	≥95（Ⅲ-2）	90	95	＋5
分娩	分娩率（%）	≥90（Ⅲ-2）	75	85	＋10
	返情率（%）	＜13（Ⅲ-2）	25	15	−10
淘汰	后备母猪更新率（%）	30～35（Ⅱ-2）	10	30	＋20
	后备母猪死亡率（%）	＜2（Ⅲ-2）	6	3	−3
	后备母猪利用率（%）	＞90（Ⅱ-2）	75	90	＋15

（3）围绕预计目标，提出解决方案　见表8-4。

表8-4　完成目标的解决方案

预计目标		实施方案
发情	7d内的发情率（增加10%）	加强哺乳母猪饲喂，保持母猪断奶时体况良好。
		断奶后母猪短期优饲、诱情及时。
配种	受胎率（增加5%）	提供优良的公猪精液。
		保证配种工作效果。
分娩	分娩率（增加10%）	妊娠母猪诊断。
	返情率（降低10%）	加强妊娠母猪的饲养管理，减少返情、空怀、流产。
淘汰	后备母猪更新率（增加20%）	优化母猪群结构，保持顺畅的母猪淘汰机制，降低配种后的死亡率。
	后备母猪死亡率（降低3%）	
	后备母猪利用率（增加15%）	加强后备母猪的选种、饲喂、诱情，减少淘汰。

（4）对照二级清单确定实施的标准流程对于二级管理清单，本书略。

如后备母猪猪饲养标准化管理、母猪淘汰标准管理、公猪饲养采精操作标准、配怀舍标准化饲养管理、分娩舍标准化饲养管理等（图8-4）。

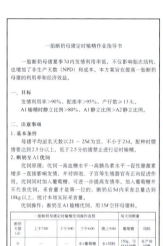

一胎断奶母猪定时输精作业指导书

一胎断奶母猪夏季7d内发情相率低，不仅影响胎次结构，也增加了非生产天数（NPD）和成本。本方案旨在提高一胎断奶母猪的利用率和经济效益。

一、目标
发情利用率>90%、配种率>95%、产仔数>13头。
AI输精时静立比例>80%、AI静立比例>A2立比例。

二、注意事项
1. 基本条件
母猪平均泌乳天数以21～25d为宜，不小于21d。配种时膘情要达到2.5分以上，低于2.5分的猪禁止进行定时输精。
2. 断奶至AI优饲
优饲原理：优饲→高血糖水平→高胰岛素水平→促性腺激素增多→直接影响发情，对卵泡、子宫等生殖器官有正向促进作用。优饲同时加入葡萄糖，充分提高发情率，优饲加葡萄糖并不代表优饲，采食量才是第一位的，断奶后5d内采食总量达到18kg以上，充分保证实际采食量。
优饲操作：断奶至AI输精优饲，用15#空怀母猪料。

一胎断奶母猪定时输精优饲操作流程

断奶天数(d)	上午7:00	下午3:00	下午6:00	晚上9:00	葡萄糖	饲料
0			水+葡萄糖	水+葡萄糖	150g，空怀{#空怀母猪料	在产房前
1	水+葡萄糖+饲料	水+饲料	注打PMSG	水+饲料	150g	>4kg
2	水+葡萄糖+饲料	水+饲料		水+饲料	150g	>4kg
3	水+葡萄糖+饲料	水+饲料		水+饲料	150g	>4kg
4	水+葡萄糖+饲料	水+饲料	注打GnRH	水+饲料	150g	最大饲喂量
5	水+葡萄糖+饲料	水+饲料	AI输精	水+饲料	150g	最大饲喂量
6	之后按妊娠母猪饲喂标准饲喂		A2输精			

备注：1. 断奶当天为第0天。
2. AI输精前按空怀猪优饲标准饲喂，AI输精后按妊娠母猪饲喂标准饲喂（提前发情猪第一次输精后即按妊娠母猪饲喂）。

三、定时输精

一胎断奶母猪定时输精工作表

图次	时间	操作 1 2 3 4	说明	备注
一	下午6:00	断奶	假如一次断奶用1h，那么从下午5:30开始到下午6:30结束，其他情况类推。	
	下午24h			
二	下午6:00	PMSG 优饲	每次注射提前半小时做准备，到点准时注射，前后误差不能超过半小时，要保证注射人员固定，操作正确。	
三	下午72h	优饲		
四		优饲		
五	上午 下午6:00	GnRH 查情 优饲	打机1 此日上午自然静立猪	
六	上午10:00	查情	打机2	
	下午6:00	查情	全部输精AI（假如一次输精用1h，那么从下午6:00开始，到5:30开始下午6:30结束，其他情况类推，无发情症状，不输精。）	建议查情时间为下午6:00—8:00，次日上午9:00—下午5:00，即输精前1～2h。
日	上午10:00	查情 妊娠饲喂	全部输精A2，无发情表现，异常的母猪不输精。	
周	上午6:00	查情 妊娠饲喂	打机3 补精一次，仅对仍然发情的母猪。	

1. 断奶（下午6:00）
假如一次断奶用1h，那么从下午5:30开始到下午6:30结束，其他操作类推。
2. 注射PMSG（下午6:00）
断奶后间隔24h肌内注射1支PMSG。
3. 注射GnRH（下午6:00）
注射血促性素后间隔72h肌内注射1支GnRH。
每次注射提前半小时做准备，到点准时注射，前后误差不能超过半小时，要保证注射人员固定，操作正确。
※ 繁殖药物注射注意事项
注射时间，操作等直接影响到后面猪的发情配种等一系列操作，因此务必重视注射效果。
已有一些场因为注射不好针而影响配率达10个点的情况，因此一定要特别关注打针的各项操作。

① 保存及使用标准：参照《血促性素、生源保存及使用标准》。
② 配制：现配现用，30min内用完。PMSG用专用稀释剂稀释，GnRH用生理盐水稀释。
③ 人员：人员固定，禁止随意找一个人就注射，记录注射人员名字，追踪质量，规范防疫及操作。
④ 时间：要求按照方案执行，误差不超过半小时。
⑤ 针头：使用12×38全金属针头，该针头不是一次性的，需要回收清洗灭菌后重复使用。针头长度要剪短，看是否达到38mm。
全金属针头使用建议利用可靠止血钳上针头。
4. 查情
注射GnRH当天的上午至所有输精操作结束，每天上、下午对公猪进行两次查情。
建议：深部输精猪上午诱情时间上午在7:00—8:00，下午4:00—5:00，即输精前1～2h；悬挂式输精在配种时进行。
强调：查情过程中不要压背，完全以母猪见公猪后自然静立为准。
5. 输精
严格按照方案时间进行，误差不超过半小时。
提前发情猪（少数，提前输精）：AI前发现稳定的猪间隔12h输精一次，不稳定的（但不超过3次）。
多数猪（全部输精，但无发情表现的母猪不输精）：多数猪进行AI（当天下午6:00）、A2（次日上午10:00）两次输精，已经输精2次且不再稳定的母猪不输精。
AI全部第一次输精后的下午查情一次，毫无发情症状的猪（正常比例<5%）不输精，待次日A2查情处理：
（1）还没有任何发情症状的猪直接剔除；
（2）出现明显发情表现的猪直接输精。
延后发情猪（少数，补输一次）：有些母猪A2输完间隔24h仍稳定，在A2输完24h再补一次。
注：所有母猪输精次数不低于2次，不超过3次。定时输精过程中，任何一次输精，没有发情症状的母猪坚决不输精，有发情表现但不稳定的母猪根据膘料量是否达标决定是否输精。

四、档案录入
1. 运用繁殖药物时，录入管理系统，选对类型。
2. 档案录入务必清楚，避免漏填、误填。

图8-4　一胎母猪定时输精二级管理清单

（5）有针对性地对员工进行岗位培训，熟悉清单实施内容。

8.3.2　D——执行实施清单内容，并加以过程控制，兑现设定的降低NPD的清单目标。

（1）缩短母猪发情间隔，提高断奶后母猪的发情效率

① 加强哺乳母猪的饲养管理，减少哺乳期间的体重损失，保持母猪断奶前良好的体况 [Ⅳ-4.2哺乳母猪饲喂参考方案、Ⅲ-6.4母猪体况评分与管理、Ⅳ-6.2 分娩母猪体况（背膘）管理]。

多餐饲喂　　　　　　　　　适宜温度　　　　　　　　　湿料饲喂

②加强母猪断奶后管理，提高断奶7d的发情率。

A.给予断奶母猪短期优饲，帮助其快速恢复体况（Ⅲ-4.2配种妊娠母猪饲喂方案）。

B.实施正确的空怀母猪催情管理（Ⅲ-6.6空怀母猪催情方案）（批次断奶母猪配种跟踪表）。

（2）提高母猪的受胎率

①提供优良的公猪精液（Ⅰ-6.5公猪精液品质影响因素分析）。

A.保证公猪本身状况良好，符合目标生产要求（Ⅰ-1公猪饲养目标）。

B.实施正确的采精操作（Ⅰ-6.3公猪使用频率、Ⅰ-6.4.1采精操作流程）。

C.精液处理过程正确（Ⅰ-6.4.2公猪精液品质等级检查、Ⅰ-6.4.5精液稀释与保存）（采精记录表）。

②保证有效的配种工作（Ⅲ-6.9母猪成功妊娠影响因素分析）。

A.进行及时、正确的查情工作 [Ⅲ-6.5.1空怀（后备）母猪查情操作清单、Ⅲ-6.5.2空怀母猪发情鉴定（后备母猪查情记录表）]。

B.进行正确的配种操作（Ⅲ-6.7配种管理）（配种记录表）。

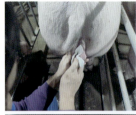
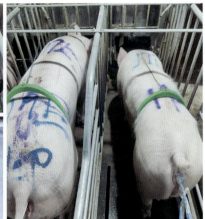

正确的采精操作　　　　　配种操作

（3）提高母猪的分娩率

①用B超仪及时检查配种母猪，及时发现空怀母猪，减少非必需生产天数，提高母猪的分娩率（Ⅲ-6.8 配种母猪妊娠鉴定）（B超仪妊娠监测表）。

公猪查情　　　　　B超仪妊娠检查

②加强妊娠母猪的饲养管理，降低母猪流产的发生率（Ⅲ-6.12其他异常情况分析）。

A.正确饲喂妊娠母猪（Ⅲ-4.2配种妊娠母猪饲喂方案）（妊娠舍存栏及饲喂报表）。

B.保持妊娠母猪所处环境舒适，尤其是控制好温度（Ⅲ-5.1配种妊娠舍环境控制）。

C.保证妊娠母猪免疫科学、避免霉菌毒素污染（Ⅲ-5.2.1配种妊娠母猪霉菌毒素控制、Ⅲ-5.2.2配种妊娠母猪免疫参考程序）。

精准料量　　　　　适宜的温湿度　　　　　数据管理

（4）保持合理的母猪淘汰机制

①优化母猪群结构，制定合理的母猪淘汰机制。

A.保持合理的猪群结构是获得生产最大化的重要条件（Ⅲ-6.1猪场理想母猪群胎龄结构）。

B.及时、主动、有效地对无饲养价值的母猪进行淘汰（Ⅱ-6.3后备母猪淘汰标准、Ⅲ-6.2母猪淘汰标准）。

②提高后备母猪的利用率，减少后备母猪的淘汰率。

A.加强后备母猪选种（Ⅱ-6.1.1后备母猪引种安全、Ⅱ-6.2.1后备母猪选种标准）。

B.科学饲喂、管理后备母猪（Ⅱ-4后备母猪营养、Ⅱ-6.1.2后备母猪隔离、Ⅱ-6.1.3后备母猪适应、Ⅱ-5.1后备母猪舍环境控制、Ⅱ-5.2后备母猪生物安全等）。

C.对后备母猪采取有效的促发情措施（Ⅱ-6.4后备母猪促发情措施）（后备母猪查情记录表）。

淘汰报表　　　　　　　无饲养价值的母猪　　　　　　　后备母猪驯化

（5）营造良好的工作、生活氛围，提高工作效率　给予员工融入感，活跃猪场气氛，建立起猪场双向沟通机制，激发员工的积极性（可参阅本书第7章实现猪场清单式管理之现场5S管理）。

场长信箱

做游戏

体育活动

拔河比赛

8.3.3 C——对猪场管理清单执行的结果进行检查和总结，明确效果，找出问题

"人们不会做你期望的事情，只会做你检查的事情"，但很多猪场管理者太过于高估员工的自觉性和高度，认为他们会非常自觉地完成任务并主动汇报，但良好的期望往往却屡遭沉重的打击。猪场管理者要想员工能够完全按照计划的方案去做事，一定要掌控计划执行的过程，做到心中有数，不是被动等待结果，而是自动跟踪检查。

正确的做法是，做好工作目标和生产报表（日报表、周报表、月报表），随时检查工作进度。

（1）检查工作进度，通过生产报表和工作追踪表追踪各项生产计划的落实情况　拉姆·查兰在《执行》一书中描述道："在每次会议之后，最好能制订一份清晰的跟进计划：目标是什么，谁负责这项任务，什么时候完成，通过何种方式完成，需要使用什么资源，下一次项目进度讨论什么时候进行，通过何种方式进行，将有哪些人参加等。"

①利用工作计划表追踪、检查实施过程。

工作追踪表　　　　　　　　　　　　会议工作追踪

②考核前后比对情况，检查工作落成情况。

考核前

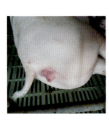

考核后

考核后

③根据工作生产报表，检查方案实施结果。很多猪场管理者对员工的加薪、奖励只是依靠"感觉"来判断，而平时的生产报表、生产数据的记录及积累，则能够为员工进行奖罚提供客观评价的基础。

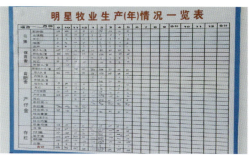

（2）追踪考核方案落实情况（猪场三级管理清单，略）　通过汇总生产报表对员工进行绩效考核，落实考核方案。

（3）绩效考核反馈与沟通（猪场三级管理清单，略）　需要根据员工业绩记录（生产绩效指标）进行绩效反馈沟通，使员工了解自身的绩效情况，认识工作中存在的不足，达到促进自己不断进步的目的。

8.3.4 A——总结成功经验，制定提升标准

（1）对计划清单的执行结果进行分析总结，找出差距。经过上述努力后，香香牧业的生产成绩有了显著提高，非生产天数明显降低（表8-5）。

表8-5 香香牧业第一阶段目标完成情况表

具体改进指标		清单标准	6个月后改进目标	当前生产成绩	6月后生产成绩	改善程度	与目标差距
NPD（d）		<45（Ⅲ-2）	62	107	65	−42	−3
年产胎次（胎）		>2.30（Ⅲ-2）	2.16	1.84	2.14	＋0.30	−0.02
PMSY（头）		>22.5（Ⅵ-2）	20	17	19.8	＋2.8	−0.2
PSY（头）		>24（Ⅳ-2）	21.3	18.1	21.1	＋3	−0.2
发情	7d内的发情率（%）	≥90（Ⅲ-2）	85	75	83	8	−2
配种	受胎率（%）	≥95（Ⅲ-2）	95	90	92	2	−3
分娩	分娩率（%）	≥90（Ⅲ-2）	85	75	83	8	−2
	返情率（%）	<13（Ⅲ-2）	15	25	17	8	2
淘汰	后备母猪更新率（%）	35～40（Ⅱ-2）	30	10	20	10	−10
	后备母猪死亡率（%）	<2（Ⅲ-2）	3	6	3	−3	0
	后备母猪利用率（%）	>90（Ⅱ-2）	90	75	86	11	−4

通过第一阶段计划的实施，猪场非生产天数由107d降到65d，虽然与预期目标还存在一定差距，但是给猪场带来的效益还是很明显的：

假设：存活率（95%、96%、98%）、窝产仔数（10.7头）不变，饲料成本以2.8元/kg计，每头育肥猪出栏时的利润为200元，其人工成本、栏舍折旧费用等不计。

非生产天数降低＝107−65＝42d

猪场所增加的年产胎次＝（365−65）÷（115＋25）−（365−107）÷（115＋25）＝0.30胎

年出栏PMSY增加数＝0.30胎×10.7头×500头基础母猪×92%×96%×98%＝1 389头

PMSY增加使猪场获得利润＝1 389头×200元＝277 800元

非生产天数减少节约的饲料成本＝（107−65）×500头×2.8元/kg×3kg＝176 400元

总增加利润＝277 800＋176 400＝454 200元

非生产天数的降低给猪场带来了超过45万元的利润，如果将这些利润分出部分（如20%）奖励员工呢？那么猪场的员工会不会更有积极性？猪场会不会管理得越来越好呢？

生产成绩提高，
员工获得奖励，
猪场实现双赢！

（2）总结成功经验与不足，未解决的问题进入下一个PDCA循环。

（3）工作目标的重新制定，进入下一个PDCA循环（时间为6个月）（表8-6）。

表8-6 设定下一阶段工作目标

	具体改进指标	清单目标	6个月后现状	二阶段目标	二阶段改善程度目标	总改善程度目标
NPD（d）		＜45（Ⅲ-2）	65	50	−15	−57
年产胎次（胎）		＞2.30（Ⅲ-2）	2.14	2.25	＋0.11	＋0.41
PMSY（头）		＞22.5（Ⅵ-2）	19.8	20.8	＋1	＋3.8
PSY（头）		＞24（Ⅳ-2）	21.1	22.1	＋1	＋4
发情	7d内的发情率（%）	≥90（Ⅲ-2）	83	90	7	15
配种	受胎率（%）	≥95（Ⅲ-2）	92	95	3	5
分娩	分娩率（%）	＞90（Ⅲ-2）	83	87	4	12
	返情率（%）	＜13（Ⅲ-2）	17	13	−4	−12
淘汰	后备母猪更新率（%）	30～35（Ⅱ-2）	20	30	10	20
	后备母猪死亡率（%）	＜2（Ⅲ-2）	3	2	−1	−4
	后备母猪利用率（%）	＞90（Ⅱ-2）	86	90	4	15

在香香牧业运用猪场清单式管理过程中，通过不断的PDCA循环，在执行的过程中不断总结经验，发现问题，并持续改进，最终实现降低猪场NPD的目标。

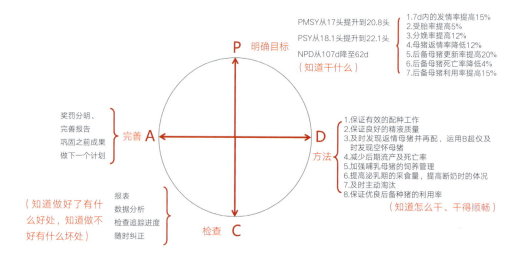

猪场效益提升！
员工奖金增加！
管理者高兴！
员工开心！

通过PDCA循环改进
PMSY：
17头增加到20.8头
NPD：
107d降到50d
增加利润━━▶61万元

第二个循环：
NPD━━50d
年产胎次━━2.25胎
PMSY━━20.8头
每年多出栏━━508头
又增加利润━━16万元

500头母猪，
PMSY━━17头，
NPD━━107d
（每头母猪每年就有100d
光吃饭不干活），猪场没有
经济效益，管理者发愁

第一个循环：
NPD━━65d
年产胎次━━2.14胎
PMSY━━19.8头
每年多出栏━━1 389头
增加利润━━45万元

结　　语

应用清单式管理抓住养猪业转型升级的机遇

　　我国正处于传统农业向现代农业转变的高质量发展的关键时期，中共中央国务院强调要加快推进农业现代化绿色生态健康养殖，促进农业发展方式转变。从历届中央1号文件的关键词中也可以看到国家对于"农业发展方式转变"的重视。

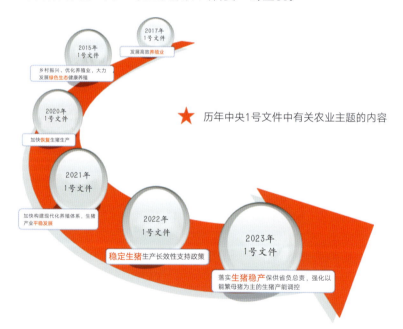

历年中央1号文件中有关农业主题的内容

　　那么养殖业的发展方式应该怎么转变呢？
　　养猪业转型升级的关键之一也是淘汰落后和低效的产能，全面提升养殖产供销各环节运营效率的过程。长期以来，养猪从业者组织体系低效，虽然社会上有各种各样的培训交流会，但很多都是点状的、非系统性的，缺乏针对性。本书旨在从最基础的层面开始，将"养猪户"变为"猪产业工人"，重点放在员工意识和能力提升之上，持续改善猪场经营体质，提升盈利能力。

拼资源消耗、拼农资投入、拼生态环境的粗放经营 提高生产效率 创新生产模式 健康养殖 种养结合 生态发展

当前我国养猪业进入快速发展阶段，朝着规模化、集约化、数智化、生态化、产业化、质量化等方面发展，非洲猪瘟防控、提效降本、健康养殖等理念也被广大养猪从业者认同和实施，集团养殖、规模猪场养殖、家庭农场养殖等不同类型的群体面对当前峰谷周期的行业特点，需要在理念、资金、管理、团队等方面做更深层次的提升，清单式思维可以让养殖从业者具备更强的竞争力。

目前养猪业进入了社会化的"规模猪场基础设施革命"时期，广大社会力量参与到猪场基础设施建设中来，一批设备先进的猪场也在建成。有了一个现代化猪场的硬件，不代表就一定能够提升猪场效益，即便是在工业化生产上也是如此。

面对复杂的知识和操作流程，再先进的设备和系统也难以完全避免失误。2018年，福建大北农养猪服务团队接手星源农牧有限公司2 200头母猪场生产管理前，该场生产状况堪忧，猪群健康度差，员工积极性不高。团队排查后按清单式管理流程进行了纠正，半年内该场猪群PSY由21头提升至27头，生产成绩获得长足进步。

浙江温州苍南威农畜牧养殖有限公司，是设计规模为1 000头的经产母猪场，2020年12月引进后备种猪，公司致力打造"非洲猪瘟防控＋健康管理＋提效降本"的第一管理理念，PSY突破30头，断奶成本350元的标杆种猪场，公司由具有高学历人才担任总经理，管理团队专业、年轻化，以及目标清单化、过程标准化、管理表格化、对标数据化，截至本书出版前该公司一直没有发生非洲猪瘟，并通过国家级非洲猪瘟无疫小区建设，获得"浙江省级美丽牧场""浙江省数字农业工厂"等。

以上充分证明，相较依靠主观经验，使用标准化的清单式管理可以更好地规避错误，提升工作效率。它减少了由个人差异带

来的偏差，使复杂操作实现可视化、可控化。我们相信，通过持续优化完善各环节清单，可以不断提升团队整体的管理水平，在更多场次释放清单化管理的效能。

本书中讲述的清单式管理从易处、小处着手，比较容易让"猪产业工人"理解并接受。它虽然没有"六西格玛"管理的神秘深奥，也没有"业务流程再造""核心竞争力构建"等管理模式的新颖时尚。但本书试图以清单为载体，通过PDCA的过程推动达到以下目的：

（1）强化目标导向和计划性 清单式管理以组织整体目标和组织根本任务为依据，以工作单位及其人员的承担职责和实际能力为着眼点，以现实阶段工作预期为出发点，将具体工作清单化，并将清单信息传递给相关单位，督促其按时按量按质完成。

（2）提供了工作执行的标准和行动蓝本 工作单位可以根据接收到的清单，围绕焦点、难点问题，成立研讨小组并着手研究，找到项目管理的办法。

（3）通过工作记录清单来实现可控制性和可追溯性 组织可以通过了解单位工作项目的进展情况，随时进行调控，并可根据需要对工作项目的最终结果和其先期过程进行追溯考量，总结成绩找出不足等。

（4）加快猪场运营管理团队的成长 当前养殖行业面临飞速发展，在短的时间内就可能带来新的变化和要求。人是猪场发展最重要的要素，特别在非洲猪瘟发生时，市场形势的瞬息万变与团队成长的缓慢前行是脱节的，而清单式管理可以帮助猪场运营管理团队成长。

总之，清单式管理本着系统思维、大道至简的宗旨，让所有员工都积极参与到猪场的运营管理中，并持续改善，以期实现猪场管理的标准化，保证工作过程和效率的相对最大化。

我国的"神十"能飞天、"蛟龙"可探海，难道我们就不能养好猪吗？

"猪粮安天下""中国人的饭碗任何时候都要牢牢端在自己手中"。

在谋求转型升级的路途上，让我们带着梦想，肩负使命，坚定信念，积攒每一分的进步，实现我们心中的养猪梦！

致　谢

2016年我们出版了《清单式管理——猪场现代化管理的有效工具》，特别感谢这些年一直关心和支持我们的读者朋友们，正是你们的有效反馈和真诚建议，给了我们源源不断的能量，推动着我们再次对这本书进行更新迭代。

吃水不忘挖井人。感谢国内外、行业内无私奉献的专家们：中国科学院院士黄路生教授、中国工程院院士李德发教授、谯仕彦教授，中国农业科学院北京畜牧兽医研究所研究员，四川农业大学陈代文教授、吴德教授，华中农业大学彭健教授。他们不畏艰难、挑战行业顽疾，以执着探索的科学精神推动行业进步；他们以身作则，深入生产一线，用实干精神促进行业发展。前辈们的砥砺前行，指导鼓励着我们不忘初心，继往开来再续新篇。

感谢大北农集团创始人邵根伙博士，他将"强农报国、争创第一、共同发展"的理念植入每位员工心扉，构筑起我们共同的"中国梦""农业梦"。他点燃了我们实现伟大梦想的热情，也提供了我们实现目标的坚实基石，使得编者团队得以不断壮大，立足岗位，以实际行动践行"强农报国"。

感谢大北农集团范伟、黄垒荣等老师率先垂范，带领我们全心全意服务猪场，为猪场创造最大的效益；感谢大北农集团所有为了打造养猪联合体默默奉献的老师们，特别是韩瑞玲、申佳琪、李培丽、王雄飞、徐振松等老师对本书的编排做了大量的工作。

感谢大北农联合发展"2亿头猪工程"的各省区合作猪场。多年来，猪场一线的养殖伙伴们在繁重工作之余，提供了大量有效的素材和真实的数据资料，让我们始终坚持理论与实践相结合。没有他们的默默支持，我们难以独自前行。

感谢中国农业出版社责任编辑周晓艳老师，她以值得每位作者信赖的出版专业水准和无比的耐心对本书不断进行修正，直到成稿出版。

养猪背后的付出不是一个人，而是一群人！最后衷心感谢每位参与和支持这本书的朋友们！

参 考 文 献

阿图·葛文德，2012.清单革命[M].浙江：浙江人民出版社.

曹洪战，李振宽，杨金宝，等，2005.引进不同品系长白猪繁殖性能的比较[J].黑龙江畜牧兽医（5）：42-43.

曹俊新，赵云翔，曹婷婷，等，2019.不同品系母猪背膘厚对产仔性能和断奶再配间隔的影响[J].猪业科学，36（9）：4.

陈代文等，2012.猪营养与营养源[J].动物营养学报，24（5）：791-795.

弗朗西斯科·S·奥梅姆·德·梅洛，2017.赋能式投资[M].北京：华夏出版社.

龚琳琳，尹劲虎，吴桂锋，等，2012.不同品种品系及品系组合猪间繁殖和生长性能测定报告[J].养猪（4）：3.

顾招兵等，2012.国外养猪业现状与发展趋势[J].畜牧与兽医，44（7）：88-92.

姜红菊，李步社，张和军，等，2019.两个不同品系大白猪的生产性能对比[J].国外畜牧学：猪与禽，39（5）：3.

雷明刚，2013，控制和改善猪舍环境提高猪只生产性能[J].中国猪业（8）：11-13.

李职，2014，妊娠母猪营养管理为关键[J].猪业观察（3）：25-26.

芦惟本，2013.跟芦老师学养猪系统控制技术[M].北京：中国农业出版社.

彭健，2013，种猪的营养与科学管理[J].农村养殖技术（10）:17-18.

邵玉如，刘燕玲，骆菲，等，2022.基于中心测定站的杜洛克，大白，长白公猪生长性能比较[J].中国畜牧杂志，58（8）：99-105.

吴德，2013.猪标准化规模养殖图册[M].北京：中国农业出版社.

吴建新，2018.不同品系大白猪生产性能对比分析[J].养猪（3）：3.

颜国华，杨玉增，张秋良，等，2019.不同品系长白、大白、杜洛克种猪种质特征及生产性能比较分析[J].北方牧业（24）：2.

杨永加，2014.清单式管理的战略价值[J].学习时报，7月28日A6版：战略管理.

张守全，2013，挖掘种猪繁殖潜力 提高养猪生产效益[J].中国猪业（8）：9-11.

Challinor，et al，1996. The effects of body condition of gilts at first mating on long-term sow productivity[J]. Animal Science，62:660（Abstr.）.

Jeffrey K. Liker，2009.丰田文化[M].北京：机械工业出版社.

John Gadd，2015.现代养猪生产技术：告诉你猪场盈利的秘诀[M].北京：中国农业出版社.

Mark Roozen等，2012.育肥猪的信号[M].北京：中国农业科学技术出版社.

Marrit van Engen等，2012.母猪的信号[M].北京：中国农业科学技术出版社.

NRC，1998. Nureiwn Requirements of Swine[M].Tenth Revised Edition. Washington DC：The National Academies Press.

NRC，2012. Nureiwn Requirements of Swine[M].Eleventh Revised Edition. Washington DC：The National Academies Press.

Varley M A，et al，2001. The Weaner Pig Nutrition and Management[M]. Trowbridgs Cromwell Press.